ひまわり8号
気象衛星講座

伊東譲司／西村修司
田中武夫／岡本幸三 ▶共著

東京堂出版

ひまわり8号初画像:可視3バンド合成カラー画像
2014 年 12 月 8 日 11 時 40 分(日本時間)

ひまわり8号運用開始初画像:可視3バンド合成カラー画像
2015 年 7 月 7 日 11 時(日本時間)

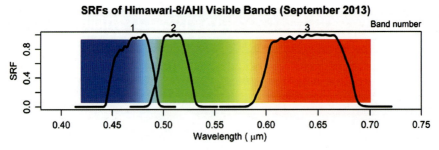

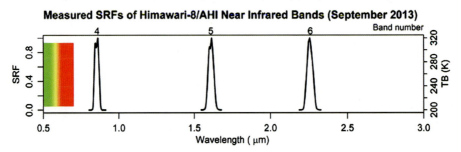

図1.4 ひまわり8号の応答関数* (SRF：Spectral Response Function)
可視・近赤外・赤外波長帯 (気象衛星センター HP より転載)

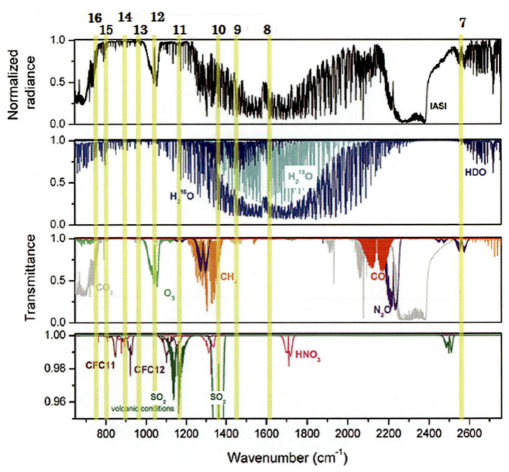

図1.5 ひまわり8号の赤外バンドの大気物質による吸収スペクトルの詳細

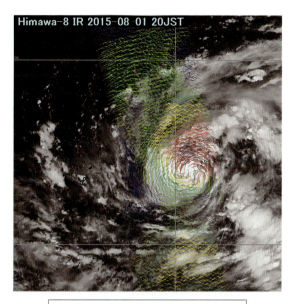
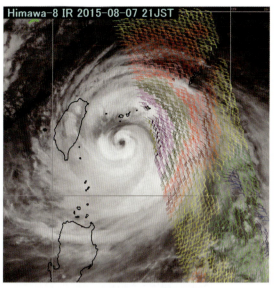

10.4μm画像 10.4μm画像＋マイクロ波散乱計（ASCAT）：2015年8月1日20時（日本時間）

10.4μm画像 10.4μm画像＋マイクロ波散乱計（ASCAT）：2015年8月7日21時（日本時間）

左　図1.64　2015年8月1日20時（日本時間）のマイクロ波画像
右　図1.66　2015年8月7日21時（日本時間）のマイクロ波画像

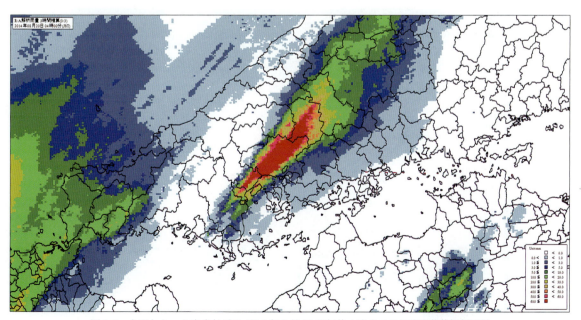

図5.1　大雨となった広島付近の2014年8月20日午前4時までの3時間積算解析雨量

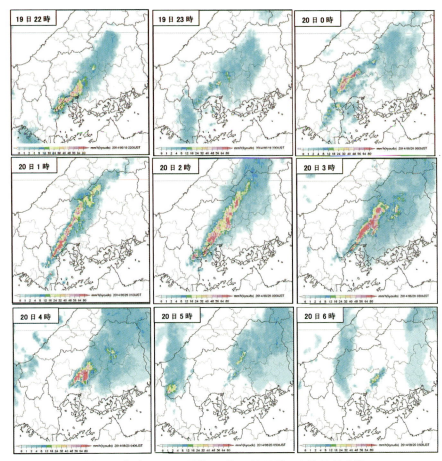

図 5.3　毎時レーダー画像　8月19日22時〜8月20日6時

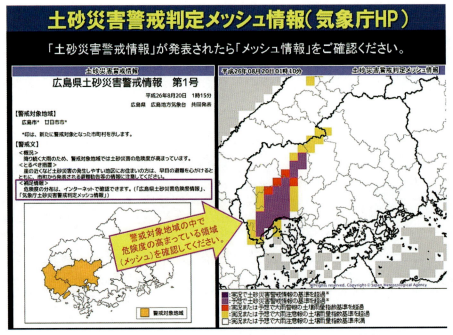

図 5.9　土砂災害警戒情報第1号と土砂災害警戒判定メッシュ情報

はじめに

　気象衛星「ひまわり8号」の時代が到来した。

　ひまわり8号は、これまでの日本の気象衛星だけでなく、現在世界の各気象機関が運用しているすべての静止気象衛星と比べても格段に優れた世界最先端の「次世代型」の可視赤外放射計（観測センサー）AHI（Advanced Himawari Imager）を搭載し、2015年7月7日本運用開始以後、かつてない豊富な気象衛星画像の情報を提供し続けている。観測されたさまざまなデータは衛星雲画像として利用されるほか、コンピューター処理により上空の風向風速や温度など多くの物理量が計算され、数値予報にも活用される。

　ひまわり8号の可視赤外放射計（AHI）では、可視域3バンド、近赤外域3バンド、赤外域10バンドの計16バンドで観測するセンサーを搭載しており、これまでのひまわり7号の可視域1バンド、赤外域4バンドの計5バンドから大きくバンド数が増強され画種が増えた。この結果、これまでの気象衛星画像からは見わけられなかった現象でさえも、鮮明に見ることができるようになり、ひまわり7号までの気象衛星画像からの情報とは異なる新たな情報が得られることになった。

　とくに可視域を3バンドに分割し、それぞれをR（Red：赤）、G（Green：緑）、B（Bule：青）の波長帯に割りあて合成したカラー画像の観測が可能となった。

　2014年10月7日に打ち上げられた「ひまわり8号」が、同年12月18日午前11時40分（日本時間）に撮影した初の可視画像は、地球をそのままのカラーで表現されていた（巻頭のカラーページ参照）。しかし、その高画質の綺麗さに感動を覚えたのは、ほんの手始めに過ぎなかった。日々の観測が続く中、運用開始前の試験段階から新たな知見が次々に明確となっていった。

　また水蒸気画像のバンドを3つに分割したことにより、上層・中層・下層の異なる高さの水蒸気の分布を推定でき、その利用の仕方も大幅に変わることとなった。

　さらにひまわり8号から観測を始めた近赤外画像と赤外画像等の組み合わせにより、水雲と氷雲の違いやその変化の様子や、雲以外の黄砂や火山の噴煙が鮮明に見ることができるようになり、気象衛星画像の解析技術は飛躍的に改善された。

　これら以外に全球画像を10分毎に観測し（ひまわり7号では30分毎）、その10分間に日本付近や台風の周辺は2.5分間隔、さらに特定の領域（500km × 1,000km）は30秒毎に観測するなど、観測間隔が飛躍的に向上した。

　このため、台風の詳細構造の把握や、急成長する積乱雲の雲頂高度を赤外輝度温度の急降下として捉え、レーダーエコー強度が最大となる対流雲最盛期より30〜40分程度先行して検出

する技術も研究されている。

すでにレーダーの観測網を使った30分解析雨量や、高解像度降水ナウキャスト、竜巻発生確度ナウキャストなど、局地的な集中豪雨の予想や竜巻などの突風を予測する技術の改善が行われてはいるが、2.5分観測から作られる新たなデータ解析の手法により、雷・突風・降水予測など竜巻が発生するような大きな積乱雲ができるかどうかを総合判定し、より早く局地的な集中豪雨や竜巻などの突風が起きる地域を見分けることができるようになるものと期待されている。

この本は、従前の気象衛星画像の解析手法と「ひまわり8号」の新しい気象衛星画像から得られる情報を的確に利用することを目的とし、気象衛星画像の基礎知識をわかりやすくまとめ、これまでの「ひまわり7号」までに得られた衛星雲画像の解析技術と「ひまわり8号」の気象衛星画像の効果的な利用を目的に、とくに動画を見ながら学習できるように作成した。

防災機関などが求める実況の把握に、また、気象災害を防ぐために、衛星雲画像の気象学的な知識が役立つことができるものと確信している。

衛星雲画像の解析による気象学的な知識を得るためには、低気圧や台風を空の上から見たとき、雲の形状はどうなっているのか、温暖前線や寒冷前線はどういった見え方をしているかなど知ることが大事である。

この本では、SATAID（サトエイド）と呼ばれる、パソコンを使用して気象衛星画像を解説するソフトウェアを利用し、パソコンで動画画像を見ながら、数値予報資料などを重ねて、立体的な断面構造がわかるようDVDを付しわかりやすい解説を作成したので、気象衛星画像から学ぶ気象の知識を、防災の現場で、また予報の現場で活用してもらえることを願っている。

2016年1月

伊東 譲司

目　次

はじめに

第 1 章　気象衛星観測の基礎知識 ……………………………… 9

1－1　気象衛星の概要 …………………………………………… 9
1－2　気象衛星の歴史 …………………………………………… 10
1－3　ひまわり 7 号とひまわり 8・9 号の比較 ………………… 12
1－3.1　世界の次世代衛星（第 3 世代静止気象衛星）……… 14
1－4　ひまわり 8 号の観測バンドの特性 ……………………… 18
1－4.1　バンド 1～3　可視画像　V1・V2・VS …………… 30
1－4.2　バンド 4～6　近赤外画像　N1・N2・N3 ………… 33
1－4.3　バンド 7　3.9μm 画像　I4 ………………………… 35
1－4.4　バンド 8～10　水蒸気画像　WV・W2・W3 ……… 39
1－4.5　バンド 13～15　赤外画像　IR・L2・I2 …………… 43
1－4.6　バンド 11～12・16　赤外画像　MI・O3・CO …… 43
1－5　差分画像 …………………………………………………… 47
1－6　各画像及び差分画像の解析事例 ………………………… 50
1－6.1　過冷却雲の検出 ……………………………………… 50
1－6.2　水蒸気画像及び水蒸気差分画像による乾燥域の監視 … 51
1－6.3　黄砂の監視 …………………………………………… 52
1－6.4　森林火災（野焼き）の監視（インドネシアの例）… 53
1－7　ひまわり 8 号の観測の仕組み …………………………… 55
1－8　ひまわり 8・9 号のデータ配信 ………………………… 57
1－9　軌道衛星画像の利用 ……………………………………… 60
1－9.1　マイクロ波放射計 …………………………………… 60
1－9.2　マイクロ波探査計 …………………………………… 61
1－9.3　マイクロ波散乱計 …………………………………… 62

第2章　防災のための衛星画像の見方と解説 68

2－1　可視および赤外画像の利用 69
2－1.1　可視画像（VS：Visible）の特徴 69
2－1.2　可視画像の利用 69
2－1.3　赤外画像（IR：Infrared）の特徴 70
2－1.4　赤外画像の利用 71
2－1.5　可視画像、赤外画像でみる雲の特徴 71
2－1.6　上層雲と積乱雲（Cb）の判別 72
2－1.7　雲型の判別 72

2－2　水蒸気画像の利用 75
2－2.1　水蒸気画像の特徴 75
2－2.2　水蒸気画像の利用 75

2－3　雲画像から得られる情報 76
2－4　気象庁HPの衛星画像の見方 78

第3章　雲パターンと水蒸気パターン 85

3－1　天気予報番組で気象解説等に必要な現象（衛星画像特有なもの） 85
3－1.1　低気圧や前線に関連して見える現象 85
3－1.1.1　バルジ・フックパターン　85　　3－1.1.2　寒気場内の現象（オープンセル、クローズドセル、筋状雲、エンハンスト積雲）　87　　3－1.1.3　前線に対応した雲域（雲バンド、ロープクラウド、雲列）　92　　3－1.1.4　下層雲渦　99

3－1.2　上層大気の流れに関連して見える現象 105
3－1.2.1　Ciストリーク　105　　3－1.2.2　トランスバースライン　109　　3－1.2.3　上層渦　112　　3－1.2.4　上層トラフ　116　　3－1.2.5　バウンダリー　118

3－2　季節等により日常見られる現象 129
3－2.1　霧域 129
3－2.1.1　内陸の霧　129　　3－2.1.2　海上の霧　133

3－2.2　積雪の分布域 141
3－2.3　海氷域の分布 142
3－2.4　森林火災の煙 144

3－3　地形等の影響を受けて見える現象 145
3－3.1　地形性Ci 145

3－3.2　波状雲 ··· 147
　　3－3.3　カルマン渦 ·· 149
　3－4　積乱雲に関連して見える現象 ·· 152
　　3－4.1　かなとこ巻雲 ··· 153
　　3－4.2　テーパリングクラウド ··· 155
　　3－4.3　アーククラウド ·· 157
　3－5　その他の現象 ··· 160
　　3－5.1　航跡雲 ··· 160
　　3－5.2　サングリント ··· 162
　　3－5.3　潮目 ··· 163
　　3－5.4　日食 ··· 165
　　3－5.5　ブラックフォグ（黒い霧） ··· 166

第4章　低気圧の知識 ·· 169

　4－1　温帯低気圧 ·· 169
　　4－1.1　まず雨を降らせる雲を知る ·· 169
　　4－1.2　温帯低気圧の発達パターン ·· 171
　4－2　日本付近を通る低気圧 ·· 172
　　4－2.1　南岸低気圧 ·· 172
　　4－2.2　日本海低気圧 ··· 176
　　4－2.3　二つ玉低気圧 ··· 179
　　4－2.4　寒冷低気圧 ·· 183
　4－3　温帯低気圧と熱帯低気圧のちがい ·· 187
　　4－3.1　熱帯低気圧と台風 ·· 187
　　4－3.2　台風の発達過程 ·· 187
　　4－3.3　台風観測のドボラック法 ··· 188
　　4－3.4　台風から変わった温帯低気圧 ··· 189
　4－4　ポーラーロウ ··· 189
　　4－4.1　日本海で発生するポーラーロウ ·· 189
　　4－4.2　台風のようなポーラーロウ ·· 191
　4－5　台風 ·· 193
　　4－5.1　ドボラック法 ··· 193
　　4－5.2　台風のライフステージ毎の雲パターン ··· 198

4－6　冬型の雲 204
　　4－6.1　冬の日本海側の雪—山雪型と筋状雲 204
　　4－6.2　山雪型のメカニズム 205
　　4－6.3　里雪型の天気図の特徴 206
　　4－6.4　冬の登山に注意 207
4－7　北東気流の下層雲 210
　　4－7.1　梅雨型の北東気流 210
　　4－7.2　沈降逆転層の下にできる下層雲 211
　　4－7.3　冬型の気圧配置で発生する関東地方の北東気流 .. 212
　　4－7.4　冬型時の北東気流の構造 213
　　4－7.5　北東気流の事例 215

第5章　集中豪雨と大雪の事例 217

5－1　集中豪雨と土砂災害　平成26年8月豪雨・広島の事例 217
　　5－1.1　大雨と土砂災害 217
　　5－1.2　広島市での土砂災害の特徴 219
　　5－1.3　平成26年8月豪雨の気象解析 222
　　5－1.4　広島豪雨の要因と気象概況 222
　　5－1.5　警報基準値に達する前に行われる防災情報 .. 225
　　5－1.6　生かされなかった過去の経験 229
　　5－1.7　いっそうの警戒を呼びかける土砂災害警戒情報・記録的短時間大雨情報 .. 230
5－2　大雪の事例 232

第6章　数値予報資料への利用 245

6－1　数値予報と気象衛星 245
6－2　予想衛星画像 247

索　引 250

付　録　DVD

ひまわり 8 号
気象衛星講座

☆本書（DVDを含む）に使用した気象衛星画像および地上天気図などは、各図にいちいち記さなかったが、すべて気象庁提供による。

第1章　気象衛星観測の基礎知識

1-1　気象衛星の概要

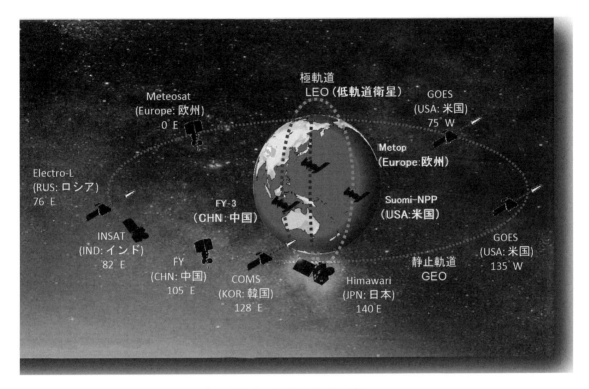

図1.1　世界気象衛星観測網

　気象衛星画像は、テレビやインターネットで毎日の天気予報に使われており、見ない日はないほど普段の生活の中に入ってきている。

　その観測を担う気象衛星は、気象観測を行うことが困難な海洋や砂漠・山岳地帯を含む広い地域の雲、水蒸気、海氷等の分布を一様に観測することができるため、大気、海洋、雪氷等の全球的な監視に役立っている。とくに洋上の台風監視においてはもっとも有効な観測手段となっている。

　世界気象機関（WMO）は、世界気象監視（WWW）計画の重要な柱の一つとして、各国の協力のもと複数の静止気象衛星と極軌道気象衛星からなる世界気象衛星観測網を展開している。これらの気象衛星観測データは、全球データ処理・予報システム（GDPFS：気象解析や予報資料の作成・提供を行う世界規模のネットワーク）の数値予報の初期値として取り入れられ、天気予報の精度を上げるのに貢献している。

　静止気象衛星は赤道上約3万5800キロメートルの静止軌道（GEO：Geostationary Earth Orbit）

上を地球の自転と同じ角速度で回るため、地上からは静止している衛星とみなされる。

　静止気象衛星は、地球の5分の1に近い広い範囲の低気圧や前線に伴う数千キロのスケールを持つ総観規模の雲域から熱雷など数時間で変化するメソスケールの雲域まで、さまざまなスケールのじょう乱を常時観測できる。衛星に搭載された可視光センサー（カメラ）では、天気予報に必要な雲の広がりや、その動きと変化等の情報を得ることができ、赤外センサーでは、いろいろな波長帯（バンド）の観測をすることで、地表の温度や海面温度、水蒸気の多寡や、雲の高さなどを、太陽の光が使えない夜間でも観測できるので、雲を伴う台風や低気圧、集中豪雨等の気象じょう乱を昼夜分かたず監視することができる。

　また、衛星の通信機能を利用して、無人観測所の気象データや地震などの観測データ等を収集するとともに、観測データや気象衛星画像等を利用者に配信することも行っている。ただし、ひまわり8号からは、気象衛星画像の直接配信の機能は通信衛星を利用したシステムに変更されている。（後述）

　世界気象衛星観測網は、Himawari（ひまわり：日本）・GOES（ゴーズ：アメリカ）、METEOSAT（メテオサット：欧州）、INSAT（インサット：インド）、Electro-L（エレクトロ：ロシア）、FY（風雲：中国）、COMS（コムス：韓国）などの静止気象衛星と、GCOM-W（日本）、NOAA・Suomi-NPP・DMSP（アメリカ）、METOP（欧州）、FY-3（中国）等の軌道気象衛星で構成されている。

　軌道気象衛星は、静止気象衛星より低い軌道（概ね350km〜1,400km）から観測する衛星（LEO：Low Earth Orbit）で、北極と南極の上空を南北方向に周回する極軌道衛星と赤道を中心に東西に周回する衛星などがある。極軌道衛星は静止軌道衛星とは異なり、南極や北極を含め地球上の全表面を観測することができるが、低高度で観測するため観測幅は500km〜2,000kmと静止気象衛星より狭く、また、同一地点の上空を1日2回しか観測できない。

　ただし、低高度で観測する利点としては、静止気象衛星と同じ可視赤外の観測でも高解像度の観測が可能で、さらにマイクロ波の波長帯（バンド）を利用し、大気の気温の鉛直分布や雨雲を観測したり、海上風速を観測できる衛星もある。

1-2　気象衛星の歴史

　1957年10月4日に旧ソビエト連邦（ロシア）により世界初の人工衛星スプートニク1号が打ち上げられ、人工衛星の歴史が始まった。

　1959年に打ち上げられたアメリカのヴァンガード2号は、搭載カメラにより、地球上の雲の様子を映し出し、気象衛星の実現性を明確にした。その成果のもと1960年4月1日に打ち上げられたタイロス1号は、可視光カメラで撮影した写真を地上に電送することに成功し、これが初の気象衛星の観測となった。当時の衛星の制御や観測の技術力はまだ発展途上であったため、姿勢制御には苦労が耐えず、赤外線を利用した夜間撮影もしていなかった。それでも、タイロス1号の観測により、各種の有益なデータがもたらされた。

1961年4月、ユーリイ・ガガーリン（ロシア）は、ボストーク1号で世界初の有人宇宙飛行を行い、無事帰還後に「地球は青かった」と語った。宇宙から眺めた地球は、みずみずしい色調にあふれて、薄青色の円光にかこまれていたのをその目で感じた言葉であった。

　宇宙競争への巻き返しを図るアメリカは、1961年5月にマーキュリー・レッドストーン3号（フリーダム・セブン）によりアメリカ初の有人宇宙飛行に成功し、その後続けられたジュピター計画では、地球を周回する二人乗りの有人宇宙飛行で世界各地を撮影し、またさまざまな実験を繰り返して人間を月に送り込み無事に帰還させる下準備をした。そして1969年7月16日、アポロ11号から切り離された月着陸船が月面に着陸し、人類は月の地面を踏んだ。

　その後アメリカ航空宇宙局（NASA）とアメリカ海洋大気局（NOAA）は、タイロスシリーズの改良型や、1964年8月28日に1号が打ち上げられたニンバスシリーズでも技術開発を行い、これらの極軌道衛星の観測により気象衛星の実用化が進められた。

　1967年にはNASAが最初の静止軌道衛星ATS-3（Application Technology Satellite-3）を打ち上げ、その後1975年に現在もその後継機で観測を続けているGOES（ゴーズ）の運用が始まった。

　世界気象機関（WMO）と国際学術連合会議（ICSU）が共同で行なった地球大気観測計画（GARP）のもとWWW（World Weather Watch）計画が始まり、その一環として日本では、1977年に静止気象衛星GMS（Geostationary Meteorological Satellite、愛称：ひまわり）1号の運用が開始された。

　以降、1981年に2号、1984年に3号、1989年に4号、1995年に5号と打ち上げたが、1999年にひまわり5号の後継機MTSAT（エムティーサット：運輸多目的衛星1号）の打ち上げに失敗した。このため、ひまわり5号については耐用年数を超えて運用を続けたが、ついに姿勢制御を行うための燃料が枯渇し、2003年5月以降GOES-9（ゴーズ9号：アメリカ）を借用し、衛星観測を継続した。

　その後2005年2月に打ち上げたMTSAT-1R（運輸多目的衛星新1号、愛称：ひまわり6号）が同年6月から運用を開始し、2006年2月に打ち上げたMTSAT-2（運輸多目的衛星新2号、愛称：ひまわり7号）を経て、現在は2014年10月7日に打ち上げたひまわり8号（Himawari-8）が観測を行っている。

表1.1　ひまわりの歴史

衛星名称	打ち上げ日	運用終了
ひまわり1号（GMS-1）	1977年7月14日	1989年6月
ひまわり2号（GMS-2）	1981年8月11日	1987年11月
ひまわり3号（GMS-3）	1984年8月3日	1995年6月
ひまわり4号（GMS-4）	1989年9月6日	2000年2月
ひまわり5号（GMS-5）	1995年3月18日	2005年7月
（MTSAT-1）	1999年11月15日	打ち上げ失敗
ひまわり6号（MTSAT-1R）	2005年2月26日	2015年7月
ひまわり7号（MTSAT-2）	2006年2月18日	待機中
ひまわり8号（Himawari-8）	2014年10月7日	運用中
ひまわり9号（Himawari-9）	2016年（予定）	

1-3　ひまわり7号とひまわり8・9号の比較

　1977年に運用を開始したGMSシリーズ（ひまわり1～5号）は、正確な姿勢制御を目的に、衛星自身が高速で回転（1分間に約100回転）するスピン衛星であったが、ひまわり6号からは姿勢制御技術が向上し三軸制御方式となり、観測機器等が常に地球の方向に位置するため、短時間での観測や高解像度の観測が可能になるなど、観測頻度が向上した。

	現在運用中の静止気象衛星		打上げ予定の静止気象衛星
	ひまわり7号 運輸多目的衛星新2号（MTSAT-2） 	ひまわり8号 （Himawari-8） 	ひまわり9号 （Himawari-9） 
運用状況	待機運用	運用状況：本運用（常時監視中）	打上げ：平成28年予定
運用予定	ひまわり9号が待機衛星となるまで	運用予定：平成34年ごろまで本運用／平成41年ごろまで待機運用	運用予定：平成34年ごろまで待機運用／平成41年ごろまで本運用
静止位置	東経約145度の赤道上空　約35,800km	静止位置：東経約140.7度の赤道上空　約35,800km	静止位置：東経約140度の赤道上空　約35,800km

図1.2　運用中の日本の静止気象衛星

> ### 気象衛星画像の見方は正しい知識をもって
>
> 　気象衛星画像は、日々の気象情報や天気予報などテレビやインターネットで見ない日はないぐらいに私たちの生活情報として浸透している。
> 　ところがその利用方法は「大陸のこの白い雲が明日日本付近に来て雨を降らせます」「水蒸気画像では台風からの下層の水蒸気の流れ込みが見えます」など、気象衛星画像から得られる情報を十分に利用できていない場合や、間違った利用をされている場合が見受けられる。正しい知識をもって気象衛星画像を解析することが大事となっている。

　ひまわり8号を含む世界気象衛星観測網（図1.1）により、地球上すべての地域を空間的に細かな密度で観測でき、台風や低気圧の雲域の変化や移動などを監視している。観測されたさまざまなデータは衛星雲画像として利用されるほか、コンピューター処理により上空の風向風速や温度など多くの物理量が計算され、数値予報に使われている。この結果、世界中の数値予報システムは大きく改善し、予報精度も向上した。さらに、地球全体にわたる資料を長期間蓄積し、気候変動の監視にも役立てられている。

　ひまわり7号では可視域1バンド、赤外域4バンドの計5バンドの観測センサーが使われてきたが、ひまわり8号では可視域3バンド・近赤外域3バンド・赤外域10バンドの計16バンドのセンサーでさまざまな観測が可能となった。

　また、ひまわり7号では全球観測（静止気象衛星から見える範囲の北極～南極までの観測）を約30分で行っていたが、ひまわり8号ではこれを10分で観測でき、さらに合わせて特定の領域を高頻度（日本域や台風などを2.5分毎）に観測するとともに、画像の観測解像度も従来に比べて2倍に向上している。

　これらの観測機能の大幅な強化により、台風や集中豪雨をもたらす雲等の移動・発達をこれまで以上に詳細に把握することが可能となり、また火山灰やエアロゾルの分布も高精度に把握することができるようになった。

> ### 世界に先がけた観測センサー
>
> 　ひまわり8号は、これまでの日本の気象衛星だけでなく、現在世界の各気象機関が運用している全ての静止気象衛星と比べても格段に優れた世界最先端の「次世代型」の可視赤外放射計（観測センサー）AHI（Advanced Himawari Imager）を搭載しているので、その観測結果を世界中の気象機関が、固唾を呑んで見守っている。

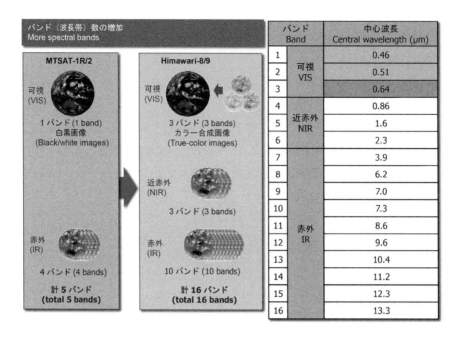
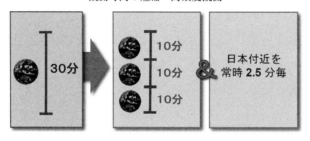
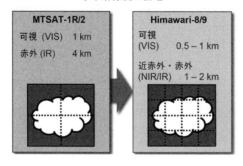

図 1.3　ひまわり 6・7 号（MTSAT-1R/2）とひまわり 8・9 号（Himawari-8/9）の観測の比較

1-3.1　世界の次世代衛星（第 3 世代静止気象衛星）

　静止気象衛星は、日本、欧州、アメリカ、中国、韓国、インド、ロシアといった国・機関が運用し、全球的な観測体制を築いている。なかでも日本、アメリカ、欧州は、1970 年代から運用を開始し、

世界の現業気象・水文機関にとって必要不可欠の観測データを提供してきた。この半世紀近くにおよぶ長い歴史の中で、静止気象衛星の観測機能は大幅に向上した。

表 1.2 はこれら次世代の静止気象衛星の機能をまとめたものである。

表 1.2 「第 3 世代」の静止気象衛星搭載センサーの特徴。
参考までに「第 2 世代」静止気象衛星であるひまわり 7 号の特徴も記す。

衛星名	打ち上げ年	主要な気象センサー（イメージャ）			その他の気象・環境観測センサー
		観測頻度	水平解像度（赤道直下）	バンド数	
ひまわり 8・9 号（日本）	2014, 2016	10分（全球） 2.5分（日本域） 0.5分（狭領域）	可視 1 km 　　　 0.5 km 近赤外 1 km 赤外 2 km	可視 3 近赤外 3 赤外 10	宇宙環境
GOSE-R, S（アメリカ）	2016, 2017	15分（全球） 5分（北米） 0.5分（狭領域）	可視 1 km 　　　 0.5 km 近赤外 1 km 赤外 2 km	可視 2 近赤外 4 赤外 10	雷センサー、太陽紫外線、極紫外線・X線、宇宙環境
MTG（欧州）	2019〜	10分（全球） 2.5分（領域）	可視 1 km 　　　 0.5 km 近赤外 1 km 　　　 0.5 km 赤外 1 km 　　　 2 km	可視 3 近赤外 5 赤外 8	雷センサー、赤外サウンダ、紫外サウンダ
参考：ひまわり 7 号（日本）	2006	30分（全球）	可視 1 km 赤外 4 km	可視 1 赤外 4	なし

アメリカは 1975 年から GOES 衛星シリーズを打ち上げ運用しており、16 機目となる GOES-R から大幅に機能が向上する。GOES-R は、ひまわり 8 号とほぼ同じセンサー（イメージャ）に加え、雷や太陽からの極紫外線・X 線、宇宙空間の磁場、陽子・電子・重イオンなどの宇宙環境を監視するセンサーを搭載する。とくに雷センサー（GLM）は、10km の解像度で連続的に観測することにより、豪雨や竜巻などの顕著な現象の監視や、気候監視、窒素酸化物などの環境監視に用いられる。欧州では Meteosat 衛星シリーズを 1977 年から打ち上げ運用し、現在は第 2 世代の Meteosat 衛星シリーズ（MSG と呼ぶ）を運用している。第 3 世代の Meteosat 衛星シリーズは MTG と呼ばれ、ひまわり 8 号に相当するイメージャに加え雷センサーを搭載した MTG-I 衛星と、探査計（サウンダ）を搭載した MTG-S 衛星の 2 機体制で観測を行う。サウンダは、気温や水蒸気の鉛直分布を観測するセンサーであり、晴天域・海上という理想的な条件ではラジオゾンデなみの高精度な観測データが 1 時間毎に 4 km の高頻度・広範囲で得られることが期待されている。2030 年代までに計 4 機の MTG-I 衛星と、

将来の静止気象衛星

　1–3節で説明したように、日欧米ではひまわり8号を始めとして、第3世代の静止気象衛星の運用を開始する。これまでの静止気象衛星と比べ大幅に機能が拡張され、また欧米の衛星には雷センサーや探査計（サウンダ）といった新しい測器も搭載される。これらの衛星は2030年代まで運用が予定されているが、さらにその先、第4世代の静止気象衛星はどのような観測を行うのだろう？

　気象・水文に関する国連の専門機関である世界気象機関（WMO）では、気象・気候・水文の観測、データ交換、研究や研修などの発展に取り組んでいる。WMOは2009年に、「2025年の全球観測システムのビジョン」という報告書を作成し、将来の地上および気象衛星を用いた世界的な観測システムを提言した。この報告書では、静止気象衛星に関わるものとして、次の6つの観測を重視している。

① 高分解能・多チャンネルの可視・赤外撮像機（イメージャ）
② 超高波長分解能（ハイパースペクトルもしくは超多チャンネル）の赤外サウンダ
③ 雷イメージャ
④ 高波長分解能の紫外サウンダなどの大気組成観測器
⑤ マイクロ波域のイメージャやサウンダ
⑥ 高分解能・多チャンネルの狭帯域可視・近赤外イメージャ

　①は日欧米すべての第3世代静止気象衛星に搭載される。WMO報告書では述べられていないが、第4世代では、空間解像度・時間解像度・バンド数がさらに増強されるとともに、ユーザーからの要求に応じて柔軟に対象領域・時刻を選択できる機能も強化されるかもしれない。
　②は、1–3節で紹介した欧州のMTG衛星に搭載されるIRSというセンサーが世界初となる。IRSは1720チャンネルという膨大な観測データから、高精度な気温・水蒸気などの鉛直分布を算出する。このようなセンサーを、他の静止衛星にも搭載して全球をカバーすることが理想的である。③の雷イメージャはP.19のコラム「雷観測」で紹介したものであり、欧米の第3世代静止気象衛星に搭載される。④はオゾンを始め、エアロゾル、温室効果気体、大気汚染物質を測定するものである。欧州のMTG衛星はUVSという紫外サウンダを搭載する。またアメリカと韓国でも、同じような測器を搭載したTEMPOとMP-GEOCAPEという静止衛星を計画している。
　⑤は、軌道衛星ですでに行われているマイクロ波域での観測を、静止気象衛星から行うというものである。マイクロ波帯の放射は、雲の影響を受けにくいため上層雲が広がっている領域でも、中・下層の大気状態や地表の状態を監視することができる。これを静止衛星に搭載することにより、軌道衛星観測よりも格段に観測頻度が向上するという大きなメリットがある。問題は、静止衛星軌道という遠方での観測において数10kmの解像度を得るためには、非常に大きな（数メートル）アンテナが必要となることである。このため欧米では、複数のアンテナを合成して仮想的に大きなアンテナを実現するといった研究が行われている。⑥は、植物プランクトン濃度を推定するための海色観測を行う。この測器もいくつかの軌道衛星には搭載されているが、2015年時点で静止衛星から観測を行っているのは韓国のCOMS衛星だけである。

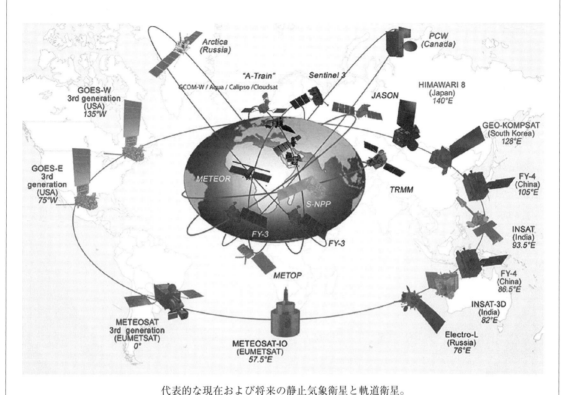

代表的な現在および将来の静止気象衛星と軌道衛星。
WMO の全球観測計画に関するホームページより　http://www.wmo.int/pages/prog/sat/globalplanning_en.php

ひまわり 8 号の宇宙環境センサー

　ひまわり 8 号は通常の気象観測センサー（AHI：改良型ひまわりイメージャ）だけでなく、宇宙環境データ取得装置（SEDA）と呼ばれるセンサーも搭載されている。SEDA は、衛星軌道上の陽子線と電子線をそれぞれ 8 つのバンドで観測する。これらの高エネルギーの宇宙線は時として衛星障害を引き起こすことがあり、SEDA によって計測されるデータは衛星状態の監視や異常解析に用いられる。また国立研究法人　情報通信機構では、「宇宙天気予報」を業務として実施し、太陽フレア（太陽面爆発）や磁気嵐などの実況把握や予測を行っているが、ここでも SEDA のデータが用いられる計画である。なお、ひまわり 1 号～ 4 号にも同種のセンサーである宇宙環境モニター（SEM）が搭載されていた。

計 2 機の MTG-S 衛星を運用する計画である。この他、中国や韓国でもひまわり 8 号相当のイメージャを始め、雷センサーなどを搭載する計画がある。

1-4　ひまわり 8 号の観測バンドの特性

表 1.3 は、ひまわり 8 号の観測センサーの 16 バンドの観測波長および観測用途を示したものである。各バンドの観測波長帯の特徴を、図 1.4「ひまわり 8 号の応答関数」として、各バンドの大気による吸収の違いを、図 1.5「ひまわり 8 号の赤外バンドの大気物質による吸収スペクトルの詳細」として示す。

図 1.4 の「SRF」とは「Spectral Response Function：応答関数」の略で、気象衛星観測では「周波数応答関数」を表わし、各バンドのセンサーの入力特性（波長に対する感度）を、「0.0」～「1.0」で規格化した値で、「1.0」が最も感度（入力エネルギー）が高い周波数（または波長）で、「0.0」は感度が「0」の波長である。

表 1.3　ひまわり 8 号の観測バンドの特性

バンド番号	略称	波長帯名	中心波長 (μm)	解像度 衛星直下点 (km)	想定される用途	
1	V1	可視	0.46	1	植生、エアロゾル、B	カラー画像
2	V2		0.51		植生、エアロゾル、G	
3	VS		0.64	0.5	下層雲・雲、R	
4	N1	近赤外	0.86	1	植生、エアロゾル	近赤外域の拡充
5	N2		1.6	2	雲相判別	
6	N3		2.3		雲粒有効半径	
7	I4	赤外	3.9	2	下層雲・雲、自然火災	火災域
8	WV		6.2		上・中層水蒸気量	水蒸気バンドの分割
9	W2		7.0		中層水蒸気量	
10	W3		7.3		中・下層水蒸気量	
11	MI		8.6		雲相判別、SO_2	熱赤外バンドの追加
12	O3		9.6		オゾン全量	
13	IR		10.4		雲画像、雲頂情報	
14	L2		11.2		雲画像、海面水温	
15	I2		12.3		雲画像、海面水温	
16	CO		13.3		雲頂高度	

　　　部分は、ひまわり 7 号の観測バンドに最も近い波長帯

雷観測

　気象庁では、雷から出る電波を観測するライデン（LIDEN）という地上雷検知システムを配備し、雷の位置、激しさや発生可能性に関する情報を提供している。静止気象衛星から雷を常時観測することができれば、地上からは観測しにくい雲内放電の検出精度が増し、また地上ネットワークではカバーしきれない海上や地上ネットワークを整備していない地域での観測が可能となる。ひまわり8号には雷観測器は搭載されていないが、アメリカと欧州の第3世代静止気象衛星（第1章参照）には、それぞれ静止衛星搭載雷マッパー（GLM）、雷イメージャ（LI）という雷観測器が搭載される。これらのセンサーは可視域の波長帯で雷光を観測する。雷を宇宙から観測する装置は、軌道衛星や宇宙ステーションに搭載されてはいるが、静止衛星に搭載されるのは初めてである。

　アメリカでは、暴風雨や竜巻などによって毎年深刻な被害が出ているため、地上測器に加えてGLMを用いて発達した積乱雲を早期かつ詳細に観測し、早いタイミングで正確な情報・注意報を出すことを計画している。実際、地上雷観測ネットワークを使うと、竜巻注意報を9分早く出すことができるようになり（13分から21分）、間違って出す頻度も減ったという報告もある（グッドマン等2013）。この他、雷の頻度変化が台風の急発達を1日程度前に検知する指標となることや、雷の数を数値予報解析に用いることにより豪雨の予測が改善するといった調査もされている。また雷は対流圏上層で酸化窒素を発生させる。この酸化窒素は、大気汚染源かつ温室効果気体である対流圏オゾンを生成するため、環境・気候の監視という点でも雷観測は重要である。

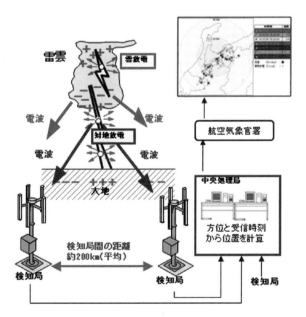

気象庁の雷監視システム、ライデン（LIDEN）の処理概要。気象庁ホームページより
Goodman et al. 2013: The GOES-R geostationary lightning mapper (GLM), atmospheric research

また図 1.6 〜 1.21 に、2015 年 7 月 7 日 11 時の運用開始時の 16 バンドの画像および各画像の特徴点を紹介する。

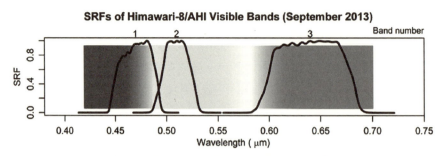

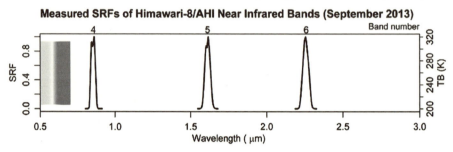

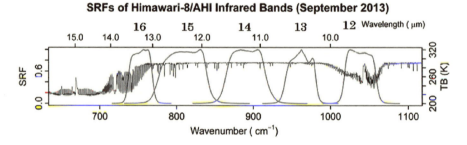

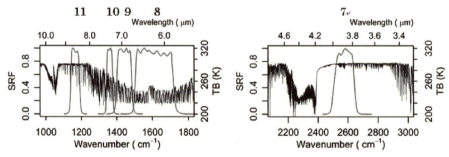

＊各グラフの右側の目盛は等価黒体温度（TBB：Equivalent BlackBody Temperature）で、グラフ中の黒実線は各周波数（波長）で観測される TBB を示す。

図 1.4　ひまわり 8 号の応答関数*（SRF：Spectral Response Function）
可視・近赤外・赤外波長帯（気象衛星センター HP より転載）

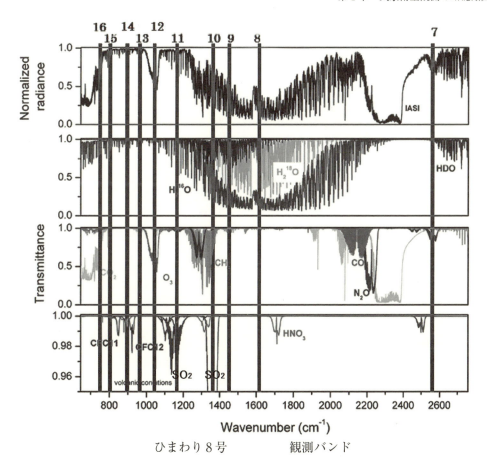

図1.5 ひまわり8号の赤外バンドの大気物質による吸収スペクトルの詳細

・各図の左のスケールは透過率を示す（透過率 1.0 は全透過で吸収率 0.0 と等しい）
・1番目の図は大気中の気体物質のトータルの透過率を表わす
・2番目の図は水蒸気（同位体・重水素結合を含む）の透過率を表わす
・3番目の図は主な気体物質の透過率を表わす
・4番目の図は微量物質の透過率を表わす。他の図とスケールが大きく異なる
・水蒸気バンド（8〜10）は波長が長くなると透過率が大きくなる
・SO_2 はバンド 10（7.3μm）とバンド 11（8.6μm）に吸収帯があるが、バンド 10（7.3μm）の方が吸収率は大きい（バンド 10 はスケールオーバーしている）

【出典】 Burrows JP, Platt U, Borrell P (eds)
"The Remote Sensing of Tropospheric Composition from Space"
Springer, Berlin, p137, doi:10.1007/978-3-642-14791-3

図1.6　バンド1：0.46μm（V1）　ひまわり8号から観測を始めた可視画像
可視光の内「青」（B：Blue）の波長帯に対応

図1.7　バンド2：0.51μm（V2）　ひまわり8号から観測を始めた可視画像
可視光の内「緑」（G：Green）の波長帯に対応

図1.8　バンド3：0.64μm（VS）　ひまわり1号〜7号でも観測してきた可視画像
可視光の内「赤」（R：Red）の波長帯に対応

図1.9　バンド4：0.86μm（N1）　ひまわり8号から観測を始めた近赤外画像
海面（水面）からの反射エネルギーが非常に小さく「黒く」見える。陸面は植生により反射エネルギーが異なる

図1.10 バンド5：1.6μm（N2） ひまわり8号から観測を始めた近赤外画像
水雲と氷雲の反射エネルギーが大きく異なる。水雲は「白く」、氷雲は「灰色」に見える

図1.11 バンド6：2.3μm（N3） ひまわり8号から観測を始めた近赤外画像
雲粒の大きさ（有効半径）により反射エネルギーが異なるとともに、水雲と氷雲の反射エネルギーも異なる

図1.12　バンド7：3.9μm（I4）　ひまわり6号から観測を行っている赤外画像
水雲からの射出エネルギーが小さいため、夜間の霧域の観測に利用できる

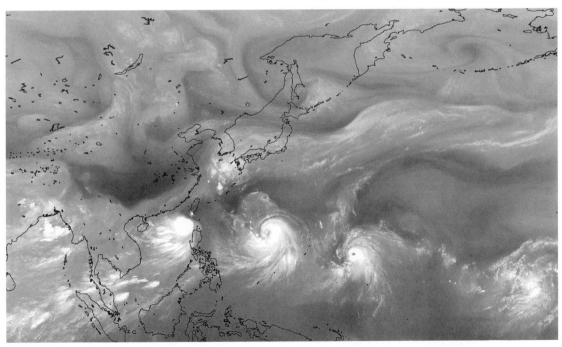

図1.13　バンド8：6.2μm（WV）　ひまわり5号から観測を行っている水蒸気画像
大気中の水蒸気による吸収が非常に大きな波長帯で、白く見えるのは上層雲及び上層の「冷たい」水蒸気が射出するエネルギー

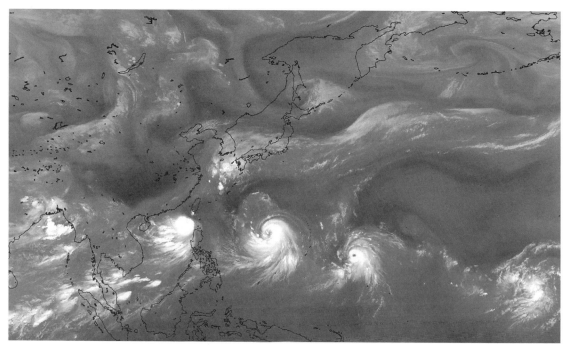

図 1.14　バンド 9：7.0μm（W2）　ひまわり 8 号から観測を始めた水蒸気画像
通常の水蒸気画像（WV）より透過率が若干高く、中層付近の「暖かい」水蒸気が射出するエネルギーも観測できるため、WV よりも全体的にやや黒く見える

図 1.15　バンド 10：7.3μm（W3）　ひまわり 8 号から観測を始めた水蒸気画像
W2 画像よりもさらに透過率が高く、中層〜下層付近の「より暖かい」水蒸気が射出するエネルギーも観測できるため、W2 よりも全体的に黒く見える

図 1.16 バンド 11：8.6μm（MI） ひまわり 8 号から観測を始めた赤外画像
二酸化硫黄（SO_2）の吸収帯に対応しており、SO_2 を大量に含む火山灰等が上空に存在する場合は、吸収および再放射の影響で、10.4μm 画像（IR）より「白く」見える

図 1.17 バンド 12：9.6μm（O3） ひまわり 8 号から観測を始めた赤外画像
オゾン（O_3）の吸収帯に対応しているため、大気中のオゾンを多く含む領域（気団等）では、吸収および再放射の影響で 10.4μm 画像（IR）より「白く」見える

図1.18 バンド13:10.4μm(IR) ひまわり1号から観測してきた赤外画像
「大気の窓」領域の波長帯。地面や海面、雲等が射出するエネルギーを黒体放射輝度温度(TBB)に変換し、白(低温)〜黒(高温)で表わした画像

図1.19 バンド14:11.2μm(L2) ひまわり8号から観測を始めた赤外画像
「大気の窓」領域の波長帯。通常の10.4μm画像(IR)との輝度温度差は小さいため、差分画像(後述)により、薄いCiや二酸化珪素(SiO_2)を含む黄砂等の解析に利用できる

図 1.20　バンド 15：12.3μm（I2）　ひまわり 5 号から観測してきた赤外画像
「大気の窓」領域の波長帯。10.4μm 画像（IR）との輝度温度差は小さいため、差分画像（後述）により、薄い Ci や SiO_2 を含む黄砂等の解析に利用できる

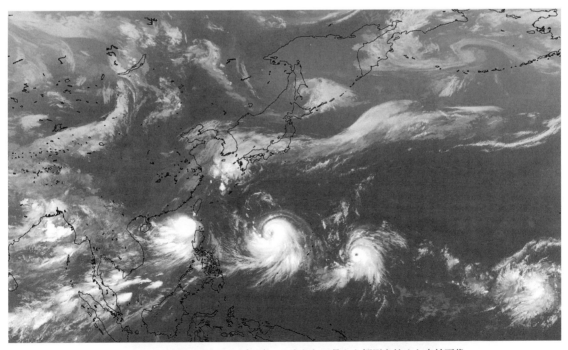

図 1.21　バンド 16：13.3μm（CO）　ひまわり 8 号から観測を始めた赤外画像
二酸化炭素（CO_2）の吸収帯に対応している。CO_2 は大気の上層から下層までほぼ同一の割合で存在しているため、10.4μm 画像と 13.3μm 画像の輝度温度の差は、大気を通過する距離の「関数」となるため、雲頂高度の推定に利用できる（雲頂高度の高い雲からの射出エネルギーは大気圏の通過距離が短くなる）

1-4.1　バンド1～3　可視画像　V1・V2・VS

　バンド1～3は、これまでのひまわり1～7号で観測してきた可視画像の波長帯に相当するが、ひまわり8号ではこの波長帯を3つに分割して観測を行っている。具体的には、ひまわり7号の可視画像は、0.55μm～0.81μm帯の反射エネルギーの合計を観測し、その大きさを白～黒（反射エネルギーが大きい→白く輝く物質）の色で表現していたが、ひまわり8号の可視画像では、中心波長が0.46μmのV1・中心波長が0.51μmのV2・中心波長が0.64μmのVSの3つに分けて観測している。このため、それぞれの画像を、B（Blue：青）・G（Green：緑）・R（Red：赤）の三原色にあてはめ合成すると、カラー画像も作成することが可能となった（口絵：初画像可視3バンド合成カラー画像、運用開始初画像可視3バンド合成カラー画像参照）。

　また、解像度も0.64μm画像（VS）では衛星直下地点では0.5kmとなっており（他の2つは1km）、ひまわり7号までの1kmと比べ倍増している。さらに10分間隔の観測と合わせ、これまで衛星画像からは解析が困難であったメソγスケール（直径2～20km）の現象を下層雲の変化から捉えることが可能となり、最新のレーダー・アメダスと合わせ、「新3種の神器」と呼べるような高頻度・高解像度観測が可能となった。

　図1.22に、ひまわり8号が観測した2015年8月24日12時の台風第1515号の0.64μm画像の沖縄付近の画像ならびに中心付近の拡大図（図1.23：解像度0.5km、図1.24：解像度1km、図1.25：解像度4km）を示す。（1km・4kmは0.5km画像から作成）解像度の違いが中心付近の拡大図で確認できる。

図1.22　2015年8月24日12時：0.64μm画像（VS）　0.5km解像度

第1章　気象衛星観測の基礎知識　　31

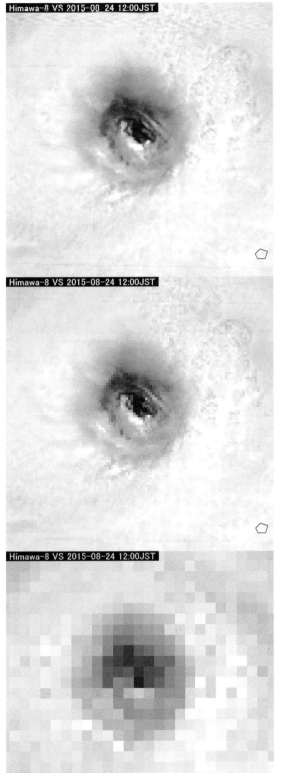

図1.23
0.64μm（VS）：0.5km 解像度

図1.24
0.64μm（VS）：1km 解像度
眼の中心付近の雲域が僅かながら
モザイク状に見える。

図1.25
0.64μm（VS）：4km 解像度
眼の中の雲や壁雲がモザイク状と
なっている。

雲の崖（台風の尻尾？）

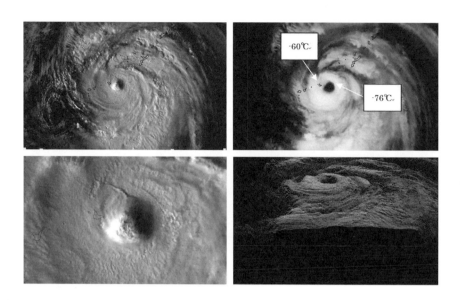

　上図は2014年7月8日07時40分（日本時間）頃の、台風第1408号が先島諸島に接近した時のひまわり7号の衛星画像で、図中左上が可視画像・左下が中心付近の拡大図・右上が赤外画像・右下がその赤外画像の輝度温度から作成した鳥瞰図である。

　左側の可視画像を見ると、台風の眼の壁雲の北側から北西方向に「黒い筋」が見え、この画像を見た気象関係者等から、「台風の尻尾？」との疑問があった。

　右上の同時刻の赤外画像をSATAIDの機能を使って輝度温度解析すると、中心の北西側の比較的暗い部分が−60℃程度、中心の北側の明るい部分が−76℃程度であった。

　この輝度温度を8日03時の数値予報GSMで高度変換すると、輝度温度の暖かい部分が47,000ft程度、輝度温度の冷たい部分が53,000ft程度となる。

　図中右下がこの輝度温度から推定した雲頂高度を鳥瞰図に変換したものである。

　これらの観測事実から推測すると、台風第1408号は、この時刻には中心の北側の壁雲内に6,000ft程度の雲頂高度の「段差」があり、丁度この時間太陽方位角が74度付近（東北東）のため、上層雲の「段差」の影が西側の雲の上部に延びていると考えられる。

　同時間帯の動画を確認すると、「黒い筋」は06時頃が一番太く、その後細くなって日中は見えなくなった。

　このことからも上層雲の「影」と推定するのが妥当と考えられる。

　6,000ftの差があれば、可視画像でも明瞭に確認できると思われるが、気象衛星の可視画像は反射率（アルベド）のため、同じ程度の反射率の場合は、同じ明るさ（白さ）に見える。

　ただ、この壁雲の「段差」が発生した理由については不明である。

1-4.2　バンド4～6　近赤外画像　N1・N2・N3

　ひまわりシリーズでは、8号から近赤外域3バンド（N1・N2・N3）の観測が始まった。近赤外の画像は、可視画像と同様に太陽光の反射エネルギーを観測しているため観測できるのは日中のみで、観測データは輝度温度ではなくアルベド（太陽光の入力エネルギーを1.0とした反射率）となっている。またそれぞれの波長で地面や海面等からの反射エネルギーが異なるため、観測するバンドにより解析できる現象が異なる。この波長帯による観測は、低軌道衛星や他の気象機関の静止気象衛星ではすでに運用実績があり、近赤外バンドのみの利用よりは、可視バンド又は赤外バンドと組み合わせて作ったRGB合成画像により、植生・雪面や下層雲・霧・砂塵・積乱雲などの判別に利用しており、雲の構造が一目で見分けられることが知られている（注：RGB合成とは、可視画像3チャンネルの合成に限らず、16チャンネルの各画像の3種類をR（赤）G（緑）B（青）、として組み合わせ、特定の気象現象を見やすくする技術をいう）。

　このうち1.6μm画像（N2）は、雲域の雲頂部分が水雲か氷雲かにより反射エネルギーに大きな差があり、水雲の場合は0.64μm画像（VS）と同様に反射エネルギーが大きいものの、氷雲の場合は大幅に少なくなるため、0.64μm画像（VS）との比較や差分画像を作成することにより雲の相（水雲・氷雲）や動画を利用することで相変化などの解析が可能となる。（図1.26参照）

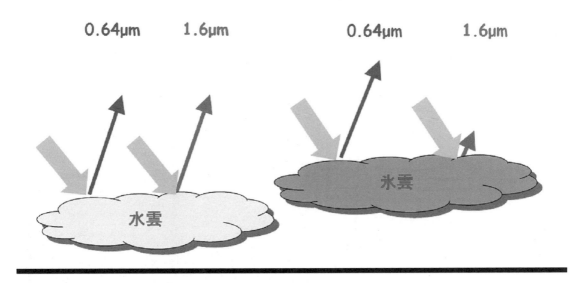

水雲は0.64μmおよび1.6μmとも反射率が高いので白く見える（水分が多い積雪も同様）

氷雲は0.64μmでは反射率が高いが、1.6μmでは反射率が低いため、相対的に黒く見える（水分が少ない乾いた積雪も同様に反射率が低い）

図1.26　1.6μm画像（N2）と0.64μm画像（VS）の違い

図 1.27　0.64μm 画像（VS）：2015 年 7 月 7 日 11 時

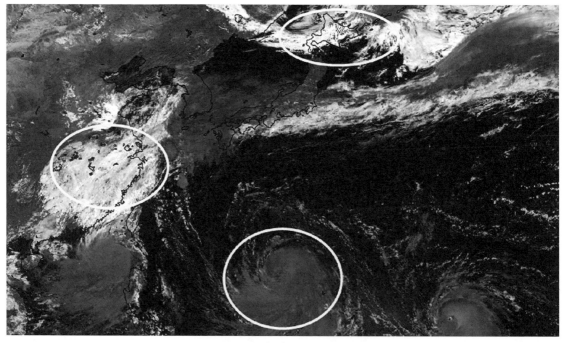

図 1.28　1.6μm 画像（N2）：2015 年 7 月 7 日 11 時

　図 1.27 はひまわり 8 号が運用を開始した 2015 年 7 月 7 日 11 時の 0.64μm 画像（VS：上図）、図 1.28 は同時刻の 1.6μm（N2：下図）画像である。

　0.64μm 画像（VS）では、雲や陸面及び海面からの太陽光の反射エネルギーを観測し、その大きさ

に応じて白〜黒の色で表現するため、反射エネルギーの大きい下層雲や対流雲・中層雲・厚い上層雲は白く輝いて見えるが、陸面や海面は灰色〜黒く見える。一方1.6μm画像（N2）では、水雲については太陽光の反射率が高いため、0.64μm画像（VS）と同様に白く輝いて見えるが、氷雲については反射率が低くなるため、灰〜黒色に見える。

　北海道付近の層雲（St）や層積雲（Sc）域、中国大陸東岸の層積雲（Sc）域は図1.27の0.64μm画像（VS）および図1.28の1.6μm画像（N2）ではともに白く見えるが、台風の発達した積乱雲（Cb）や日本付近の梅雨前線上に広がる上層雲は灰色に見えている。

　この特徴を利用することで過冷却の雲域の解析が可能となる。詳細は1-6節（P.50）で紹介する。

1-4.3　バンド7　3.9μm画像　I4

　3.5〜4.0μmの波長域を観測するセンサーで得られた画像を3.9μm画像（I4）と呼ぶ。3.9μm画像（I4）も他の赤外画像と同様に輝度温度の画像で、輝度温度の高い（暖かい）領域を黒く、輝度温度の低い（冷たい）領域を白く表現しているが、この波長帯は太陽光の反射光の影響を受けるため、日中は太陽光の反射エネルギーと物体からの射出エネルギーの両方を、夜間は物体からの射出エネルギーのみ観測することから、日中と夜間の画像は見え方が大きく異なる。このうち日中の太陽光の反射エネルギーは、通常物質からの射出エネルギーより大きいため、輝度温度が低い（冷たい）雲も太陽光の反射エネルギーが大きい場合は（白く輝いていれば）、合計したエネルギーが大きくなるため、結果的に黒く表現される。一方夜間は太陽光の影響がなくなるため物質からの射出エネルギーのみを観測することになるが、3.9μmの波長帯では以下の特徴がある。

　①水雲の場合、雲の厚さが一定以上あれば、地面や海面が射出するエネルギーの吸収率は、3.9μm帯および10.4μm帯もほぼ同じであるが、射出エネルギーは、3.9μm帯では黒体放射で仮定されるエネルギーより小さいため、10.4μm帯で観測した輝度温度と比べると低く（冷たく）なる。この特徴を利用して、3.9μm画像（I4）と10.4μm画像（IR）との輝度温度差の差分画像を作成することにより（この画像のことを赤外差分画像2という）、周辺の陸面や海面との温度差が少ない雲頂高度の低い水雲（霧や層雲など）も、夜間は赤外差分画像2では「白く」明瞭に解析できる。（図1.29参照）

　②観測する格子（ひまわり7号の場合は衛星直下点で4km×4km、ひまわり8号の場合は同2km×2km）の中に、格子の大きさよりはかなり小さいが非常に高温な部分（火山の火口や森林火災）があった場合、その格子の平均輝度温度が10.4μm画像（IR）と比較して高くなる（これをホットスポットと呼ぶ）。この特徴を利用し、動画により連続観測を行うことにより、火山の噴火や森林火災の場所やその拡大状況等が解析できる。

　図1.30〜1.35に2015年7月7日12時および8日00時の3.9μm画像（I4）10.4μm画像（IR）、および3.9-10.4μm（赤外差分2）画像（S2）を示す。

3.9μm と 10.4μm の見え方の違い：夜間

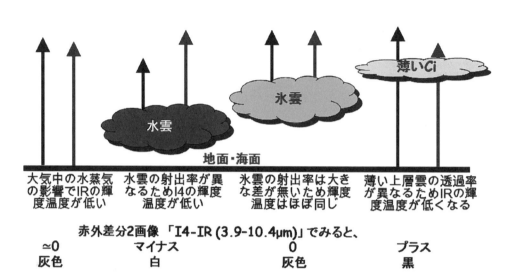

3.9μm と 10.4μm の見え方の違い：昼間

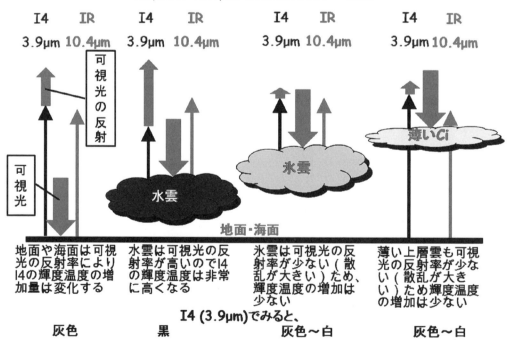

図1.29　3.9μm 画像（I4）と 10.4μm（IR）の見え方の違い

日中の3.9μm画像（I4）・10.4μm画像（IR）・赤外差分2画像（S2）

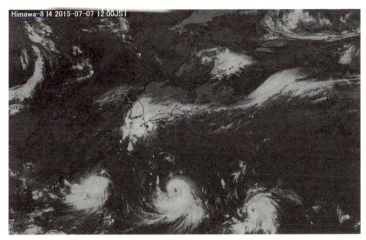

図1.30　3.9μm画像（I4）：2015年7月7日12時

日中の3.9μm画像（I4）では、台風に伴う雲域は、輝度温度は非常に低い（射出エネルギーが小さい）ものの、太陽光の反射エネルギーが加わり、10.4μm画像（IR）と比べ灰色に見える。

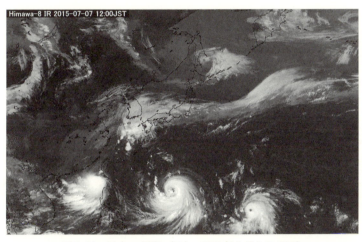

図1.31　10.4μm画像（IR）：2015年7月7日12時

10.4μm画像（IR）では、台風に伴う雲域は雲頂高度が高く、雲頂温度が非常に低い（射出エネルギーが小さい）ため、白く輝いて見える。

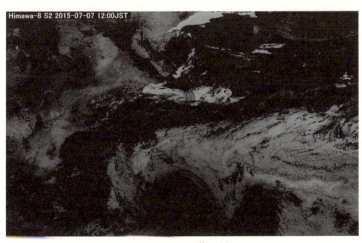

図1.32　3.9-10.4μm（赤外差分2）画像（S2）：2015年7月7日12時

日中の3.9-10.4μm（赤外差分2）画像（S2）は、太陽の反射光の影響を受けるとともに、表示する輝度温度幅が狭いため、下層雲など反射エネルギーの大きい部分は真っ黒になり、画像から得られる情報は少なくなる。

夜間の3.9μm画像（I4）・10.4μm画像（IR）・赤外差分2画像（S2）

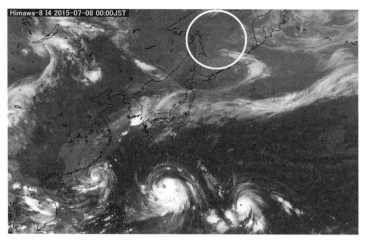

図1.33　3.9μm画像（I4）：2015年7月8日00時

夜間の3.9μm画像（I4）は、可視光の反射エネルギーの影響がなくなるため、輝度温度の低い雲は白く、また水雲は10.4μmより若干白く見える（図中オホーツク海の○付近）。

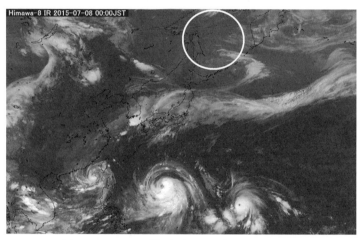

図1.34　10.4μm画像（IR）：2015年7月8日00時

10.4μm画像（IR）は太陽光の反射エネルギーの影響を受けないため、日中と同様の画像が得られる。

図1.35　3.9-10.4μm（赤外差分2）画像（S2）：2015年7月8日00時

夜間の3.9-10.4μm（赤外差分2）画像では、霧域や層雲などの水雲は10.4μm画像（IR）より白く見え（図中オホーツク海の○付近）、台風の上層発散に伴う薄いCiは黒く見える。

1-4.4　バンド8～10　水蒸気画像　WV・W2・W3

　6～8μmの波長帯は、水蒸気による吸収及び再射出の影響がもっとも大きな波長帯で、この波長帯で観測した画像を水蒸気画像と呼んでいる。水蒸気画像の観測は、ひまわりシリーズでは5号から開始し、ひまわり8号では、6.2μm（WV）・7.0μm（W2）・7.3μm（W3）の3つのバンドで観測を行っている

　水蒸気画像の名前から、大雨の原因となる下層又は中層の水蒸気を直接観測している画像と誤解されることが多いが、地面や海面および下層の雲や水蒸気が射出する6～8μmのエネルギーは、中層および上層の水蒸気にほぼ吸収され（吸収率100％又は透過率0％）、その水蒸気が自らの温度で再射出するため、下層～上層まで十分な水蒸気が存在する中緯度～低緯度帯では、下層および中層の水蒸気等が射出するエネルギーを気象衛星で直接観測することはほとんどできない。一般的に日本付近（中緯度帯以南）でこれまでの水蒸気画像（6.2μm）により解析できるのは、夏季は概ね400hPa付近の、冬季は概ね600hPa付近の平均的な「情報」といわれている。（図1.36参照）

　なお、この「情報」には以下のような内容が含まれる。
　①上層の水蒸気の多寡
　中層より上空が湿潤な場合、中層の「暖かい水蒸気」が射出したエネルギーは上層の「冷たい水蒸気」が吸収し再放射するが、上層が乾燥している場合は中層の「暖かい水蒸気」が射出したエネルギーを直接気象衛星で観測できるため、水蒸気画像の輝度温度から、上層が湿潤であるか乾燥しているかが推定できる。（水蒸気画像で「白い領域（明域）」は輝度温度が低く上層に水蒸気が存在する領域と、「黒い領域（暗域）」は輝度温度が高く上層は乾燥しているが中層以下が湿っている領域と、推定できる。）ただし、上層が湿潤な場合は、中層および下層の状態（乾燥又は湿潤）の推定は困難で、とくに上層雲が存在する場合は（雲は非常に大量の水蒸気を含んでいるため）、薄いCiであっても白く輝いて見え、その下の情報は得られない。
　②上層の水蒸気の増減（暗化・明化）から下降流・上昇流の推定
　前述した暗域（上層は乾燥している領域）が時間とともにより黒くなる場所を「暗化域」と呼び、輝度温度の上昇から下降流の存在が推定できる。同様に明域がより白くなる、または上層雲が発生する領域は上昇流の存在が推定できる。
　③水蒸気を追跡因子とした風向風速の推定
　気象衛星のプロダクトとして、赤外画像や可視画像では雲の移動からその雲の存在する高さの風向風速を解析する衛星追跡風があるが、水蒸気画像でも同様に水蒸気を追跡因子として衛星追跡風の算出が可能で、これらのデータは数値予報の初期値に利用されている。
　④バウンダリーからジェット気流や上層トラフ・上層渦の推定
　水蒸気画像の明域と暗域の境界（これをバウンダリーと呼ぶ）から、上層のジェット気流の位置やその蛇行の状況が推定可能で、さらに上層トラフや上層渦の位置等も推定でき、数値予報資料との比

較も可能となる。

次に、ひまわり8号の3つの水蒸気バンドの特徴を以下に示す。

前述した図1.5「ひまわり8号の赤外バンドの大気物質による吸収スペクトルの詳細」（P.21）のとおり、6～8μmの波長帯では、波長が短いほど水蒸気による吸収（および再射出）が大きく（透過率が少なく）、波長が長くなるにつれて吸収（および再射出）が少なく（透過率が大きく）なる。つまり波長が短い6.2μm画像（WV）では下層及び中層の水蒸気が射出したエネルギーは、ほとんど上層の水蒸気が吸収し再放射するため、気象衛星では主に上層の水蒸気の放射エネルギーを観測することになり、全体的に白い（輝度温度が低い）画像となっている。一方波長の長い7.3μm画像（W3）は、6.2μm画像（WV）と比較して水蒸気による吸収率が少ない（透過率が大きい）ため、下層および中層の水蒸気が射出したエネルギーの一部が上層の水蒸気を透過するため、6.2μm画像（WV）に比べ黒い（輝度温度が高い）画像となる。

この輝度温度の差はそれほど大きくないが、後述するように、7.3μm画像（W3）と6.2μm画像（WV）の輝度温度差で作成した水蒸気差分画像を作成すると、より効果的な利用が可能となる。（図1.37～図1.40参照）

なお、図1.5で示したとおり7.3μmの波長帯は、SO_2の吸収帯でもあるため、火山の噴火に伴うSO_2についても観測できる。（図1.48：インドネシア・ムラピ火山の噴煙図参照 P.48）

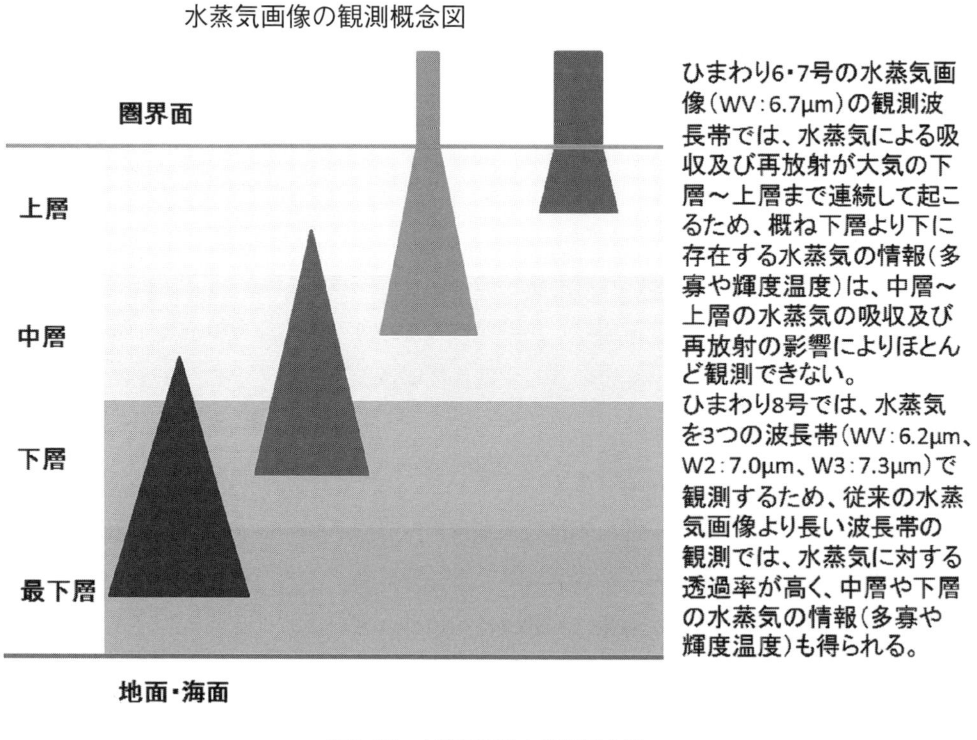

図1.36　水蒸気画像の観測概念図

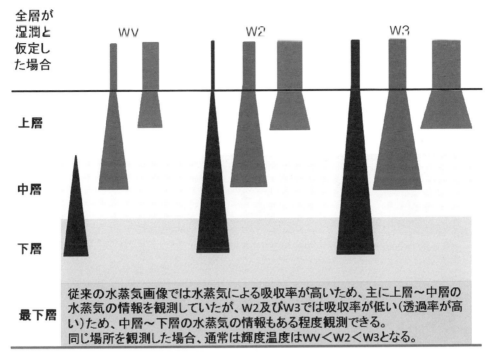

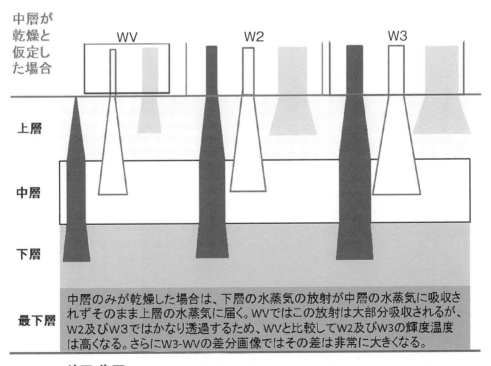

図 1.37　乾燥域が存在した場合の水蒸気画像の見え方の違い

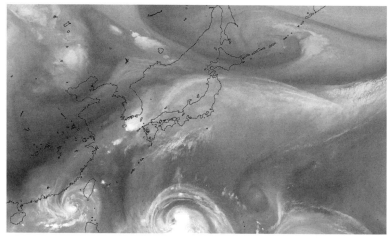

図 1.38　6.2μm 画像（WV）：2015 年 7 月 7 日 11 時

6.2μm 画像（WV）は、水蒸気による吸収率がもっとも高い波長帯の画像で、日本付近では夏季はおおむね 400hPa 付近、冬季はおおむね 600hPa 付近の風や水蒸気の状態を示す。

図 1.39　7.0μm 画像（W2）：2015 年 7 月 7 日 11 時

7.0μm 画像（W2）は、6.2μm 画像（WV）よりも水蒸気による吸収率が低い画像で、6.2μm 画像（WV）よりも全体的に黒く（暖かく）見える。

図 1.40　7.3μm 画像（W3）：2015 年 7 月 7 日 11 時

7.3μm 画像（W3）は、7.0μm 画像（W2）よりもさらに水蒸気による吸収率が低い画像で、7.0μm 画像（W2）よりも全体的に黒く（暖かく）見える。なおこの波長帯は SO_2 の吸収帯でもある。

1−4.5　バンド 13 〜 15　赤外画像　IR・L2・I2

　バンド 13 〜 15 は、ひまわり 1 号から観測に利用されてきた波長帯で、大気中の気体分子による吸収（および再射出）がもっとも少ない波長帯で、通称「大気の窓領域」と呼ばれており、季節や緯度・昼夜に関係なく均質な観測ができるのが大きな特徴である。このため、静止気象衛星および低軌道衛星ではほぼすべての衛星でこの波長帯の観測が行われている。

　このうちひまわり 6 号および 7 号では、10.3 〜 11.3μm の波長帯で観測した画像を IR 画像、11.5 〜 12.5μm の波長帯で観測した画像を I2 画像としてきたが、ひまわり 8 号では、10.4μm 画像（IR）、11.2μm 画像（L2）、12.3μm 画像（I2）として観測を行っている。（L2 の「L」は、Long-wave Infrared の頭文字）

　赤外画像は、物質がそれ自身の温度で射出するエネルギーを輝度温度に変換した画像であり、気象衛星観測では基本的に冷たい領域を白く、暖かい領域を黒く表現している。上層まで発達している積乱雲（Cb）や厚い上層雲（Ci）は輝度温度が低い（冷たい）ため白く、陸面や海面付近にある霧（Fg）や層雲（St）は輝度温度が高い（暖かい）ため灰色となる。つまり白〜黒は雲の存在する「高さ」を示すこととなる。

　ただし、薄い Ci の場合、より下層の雲や陸面・海面の「暖かい」放射エネルギーが上層雲を一部透過するため、気象衛星は上層雲が射出したエネルギーと透過した射出エネルギーの総和を観測することになり、正確な「高さ」を推定できない場合がある。また地面や海面の温度に近い下層雲の解析や、雪や氷に覆われた地面や海面の解析には注意が必要となる。

　このため、赤外画像を単体で利用するだけでなく、可視画像との比較や、別のバンドの赤外画像の輝度温度との「差」を画像にした「差分画像」を効果的に利用する事が重要である。

　差分画像の原理やその利用については 1−5 節および 1−6 節で紹介する。

1−4.6　バンド 11 〜 12・16　赤外画像　MI・O3・CO

　バンド 11 〜 12 および 16 はひまわり 8 号から観測を開始したバンドである。

　それぞれ 8.6μm（SO_2）、9.6μm（O_3）、13.3μm（CO_2）の観測波長帯で、「（　）」内の気体分子の吸収帯に対応している。なお 8.6μm については、「Middle-wave Infrared」の頭文字をとって「MI」画像と表記する。

　8.6μm は SO_2 の吸収帯で、SO_2 は火山性ガスに多く含まれるため、火山の噴煙の監視に利用できる可能性がある。ただし火山による噴煙には、石や砂（SiO_2）、水蒸気なども含まれ、また個々の火山によってもその割合も異なるため、8.6μm 画像（MI）で確認できた噴煙が必ずしも SO_2 だけによる吸収の影響とは言い切れない。また SO_2 による吸収は、他の気体物質（水蒸気等）と比較して非常に小さいため、10.4μm（IR）等との差分画像による解析が有効となる。

図1.42～1.44にインドネシア・ムラピ火山噴火時の画像を示す。噴火に伴う噴煙は10.4μm（IR）および8.6μm（MI）で確認できたため（図中の白丸）、必ずしもSO_2の拡散による輝度温度の低下とは判断できないが、10.4－8.6μm差分画像では、火口の風下側に広い白い領域が確認でき（図中の白楕円）、これは10.4－8.6μm差分が「プラス」のため（8.6μm差分画像の輝度温度が低い＝上空のSO_2による吸収再射出の影響を受けている）、拡散したSO_2による影響と考えられる。

また9.6μmと13.3μmは、それぞれO_3とCO_2の吸収帯であるが、これらの気体分子は通常でも大気中に広く存在するため、特定の現象の把握に利用するよりは、長期変動の監視や雲頂高度の推定などに利用される。

図1.45に2015年7月7日11時の8.6μm画像（MI：左上）・9.6μm画像（O_3：右上）・13.3μm画像（CO：左下）と10.4μm画像（IR：右下）のひまわり8号の観測範囲（北極～南極）の画像を示す。この画像では、9.6μm画像（O_3）と13.3μm（CO）画像は、ともに極付近と赤道付近で10.4μm画像（IR）と見え方が異なることがわかる。特に9.6μm画像（O_3）は北緯60度付近と南緯60度付近が明瞭に白く見える。この原因は、夏季は北緯60度付近と南緯60度付近のオゾンの鉛直総量が多くなり、上層のO_3の吸収・再射出により「冷たい」放射を観測するためである。（図1.41参照）また13.3μm画像（CO）については、大気圏内ではCO_2の割合が上空までほぼ同一であることを利用して、10.4μm画像（IR）との輝度温度の比較から雲頂高度の推定に利用される。

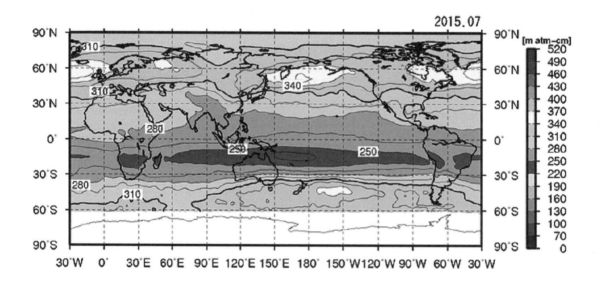

図1.41　2015年7月の月平均オゾン全量の世界分布図：気象庁HPより転載

インドネシアのムラピ火山の噴火

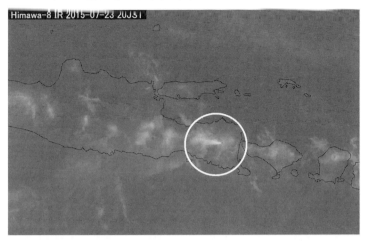

図 1.42　10.4μm 画像（IR）：2015 年 7 月 23 日 20 時

ムラピ火山の噴煙は 10.4μm 画像（IR）でも白く確認できる。これは噴火に伴い、石や砂（SiO_2）、水蒸気などが上空まで持ち上げられたためと推定できる。

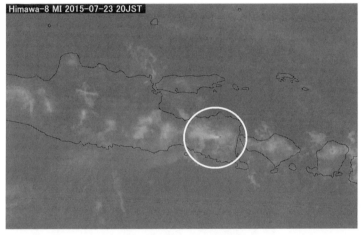

図 1.43　8.6μm 画像（MI）：2015 年 7 月 23 日 20 時

8.6μm 画像（MI）でも同様にムラピ火山の噴煙が確認できる。

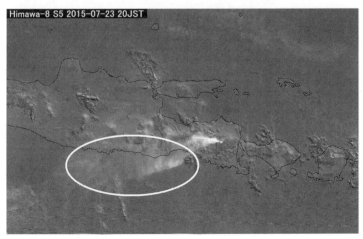

図 1.44　10.4−8.6μm 差分画像：2015 年 7 月 23 日 20 時

10.4−8.6μm 画像では、火口付近は白く輝いて見えるが、火口の風下側に拡散していく白〜灰色の領域が確認できる（図中楕円内）。

バンド 11～12・16 および 13 の画像

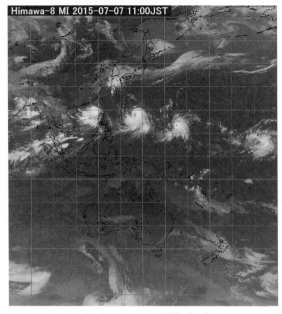

バンド 11：8.6μm 画像（MI）

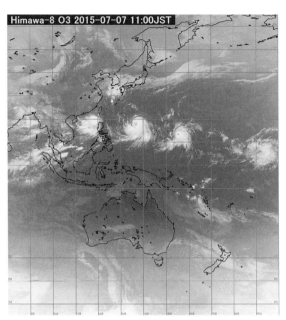

バンド 12：9.6μm 画像（O₃）

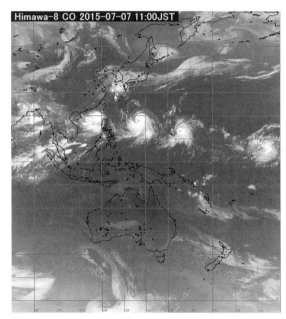

バンド 16：13.3μm 画像（CO）

バンド 13：10.4μm 画像（IR）

図 1.45　バンド 11・12・16 および 13 の比較

2015 年 7 月 7 日 11 時（日本時間）：北緯 65°～南緯 65°、東経 80°～西経 160°
左上：8.6μm 画像（MI）、右上：9.6μm 画像（O₃）
左下：13.3μm 画像（CO）、右下：10.4μm 画像（IR）
右下の 10.4μm 画像（IR）と比較すると、8.6μm 画像（MI）は大きな差は無いが、
9.6μm 画像（O₃）は極側に行くほど白く（冷たく）表現されている。
また 13.3μm 画像（CO）は全体的に白く（冷たく）表現されている。

1-5 差分画像

1-4.5 節で説明したように、赤外画像は地面や海面、雲等が射出するエネルギーを輝度温度に変換し、白〜黒の階調で画像化したものであるが、観測する波長帯により、大気中の物質による吸収特性が異なるため、輝度温度に差が発生する。しかしその輝度温度の差は、少ない場合は数 K 程度であり、その差を目視で確認し、解析することは困難である。このため、この吸収特性の差をより明瞭に確認する方法として差分画像が有効である。

差分画像とは、2 つの異なる波長帯の「輝度温度差」または「反射率差」を画像にしたもので、輝度温度差または反射率差が小さい領域を灰色に、差が「マイナス」の領域を「白」、差が「プラス」の領域を「黒」で表現したものである（差がマイナスかプラスかが重要なため、たとえば赤外差分画像 1 は 10.4 − 12.3 μm で計算するが、赤外差分画像 2 は 3.9 − 10.4 μm で計算する）。

たとえば、10.4 μm 画像（IR）と 12.3 μm 画像（I2）では、薄い Ci（氷晶）の透過率に差があるため、10.4 − 12.3 μm（赤外差分 1）画像では薄い Ci は「黒く」（温度差がプラス）なる（図 1.46：左側の黒円内）。また石英（SiO_2）を大量に含んだ黄砂や火山灰の領域は、10.4 − 12.3 μm（赤外差分 1）画像では白く見える。（同白円内）

また差分画像では、画像間の輝度温度の差の画像であるため、輝度温度の分解能を高くできる長所もある。

たとえば 10.4 μm 画像（IR）では、夏季の砂漠は +60℃ 以上、発達した積乱雲の雲頂は −90℃ 以下となるため、すべての現象を観測するためには 150K の観測幅が必要で、これを 8 ビット（256 階調）のモニターで表示する場合、150K/256 ≒ 0.59K のため、平均すれば約 0.6K 毎のグラディエーションとなる。一方差分画像では、たとえば画像間の輝度温度差の差（観測幅）が 15K（± 7.5K）の場合は、前者の 10 分の 1 の約 0.06K 毎のグラディエーションで表示が可能なため、わずかな輝度温度の差がより明瞭に確認できることになる。

図 1.46 〜 1.48 はインドネシア・ムラピ火山の噴煙の 10.4 − 12.3 μm 画像（赤外差分 1）、日中の 3.9 − 10.4 μm 画像（赤外差分 2）および 7.3 μm 画像（W3）である。

また 2015 年 5 月 13 日 18 時の 10.4 μm 画像（IR：図 1.49）、10.4 − 12.3 μm 画像（赤外差分 1：図 1.50）および同画像の拡大図（図 1.51）を示す。図 1.50 の 10.4 − 12.3 μm 画像（赤外差分 1）では三陸沖に濃淡な部分が確認できるが、これは寒流と暖流による潮目である。また山陰沖の黒い領域は薄い Ci である。また下段の桜島から東方向に蛇行した白筋は桜島の噴火に伴う噴煙である。

インドネシアのムラピ火山の噴火の画像

図 1.46　10.4 - 12.3μm 画像（赤外差分 1）：2015 年 7 月 24 日 00 時

10.4 - 12.3μm 画像（赤外差分 1）では、噴煙に含まれる SiO_2 により、白く表現される（白円内）。黒円内は薄い Ci で黒く表現されている。

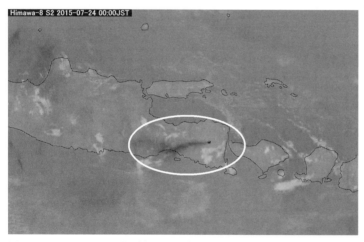

図 1.47　3.9 - 10.4μm 画像（赤外差分 2）：2015 年 7 月 24 日 00 時

日中の 3.9 - 10.4μm 画像（赤外差分 2）では、噴煙は太陽光の反射の影響で黒く、また火口はホットスポットとして非常に黒く表現される。

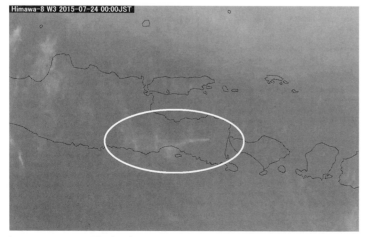

図 1.48　7.3μm 画像（W3）：2015 年 7 月 24 日 00 時

7.3μm 画像（W3）は、SO_2 の吸収帯でもあるため、上層に SO_2 が存在する場合は、SO_2 が吸収・再射出するエネルギーを観測するため白く表現される。

桜島の噴煙と潮目

図 1.49　10.4μm 画像（IR）：2015 年 5 月 13 日 18 時

10.4μm 画像（IR）では、桜島から噴出した噴煙はあまり明瞭ではない（白円内に噴煙がある。図 1.50 と比較して不明瞭）。

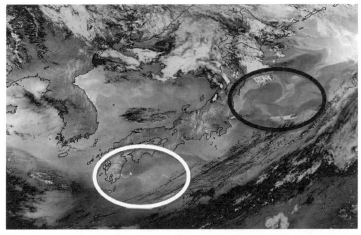

図 1.50　10.4 - 12.3μm 画像（赤外差分1）：2015 年 5 月 13 日 18 時

三陸沖に濃淡な部分が確認できるが（黒円内）、これは寒流と暖流による潮目である。

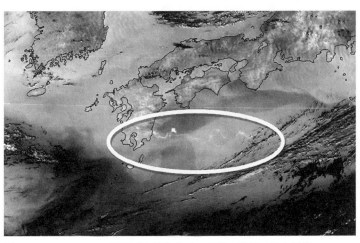

図 1.51　10.4 - 12.3μm 画像（赤外差分1）：上記の時刻の拡大画像

10.4 - 12.3μm（赤外差分1）画像では、桜島の火口から紀伊半島の南海上までたなびく噴煙が確認できる（白楕円内）。

1-6　各画像および差分画像の解析事例

1-6.1　過冷却雲の検出

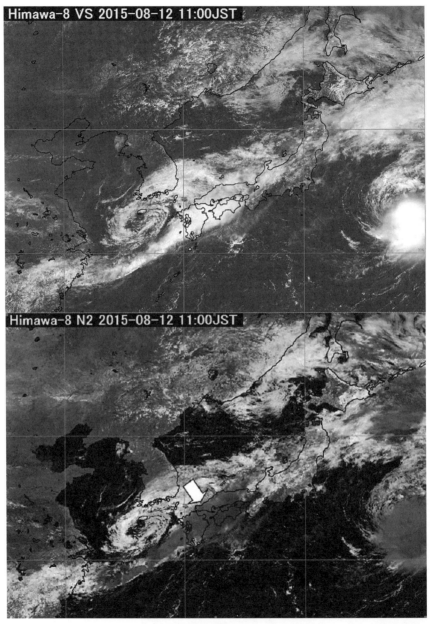

図 1.52　0.64μm 画像 (VS) 上図と 1.6μm (N2) 下図の比較による過冷却雲の検出　2015 年 8 月 12 日 11 時
水雲は 0.64μm 画像 (VS) でも 1.6μm 画像 (N2) でも白く見える（反射率が大きい）ため、どちらの画像でも白く見えかつ赤外画像で輝度温度が氷点下（−5 〜 −20℃）の領域については過冷却の水雲が存在する可能性が高いと考えられる。とくに 1.6μm 画像 (N2) 動画で白色から黒色に変化している雲域は「相変化」が発生している可能性が高く、この時刻の直前の 10 時 50 分頃に、北緯 33.09° 〜 33.29°・東経 130.18° 〜 131.43° 付近（図中白矢印で表示：白と黒の境界付近）の高度 27,000 〜 33,000ft で航空機から中程度の着氷の報告があった。

1-6.2 水蒸気画像および水蒸気差分画像による乾燥域の監視

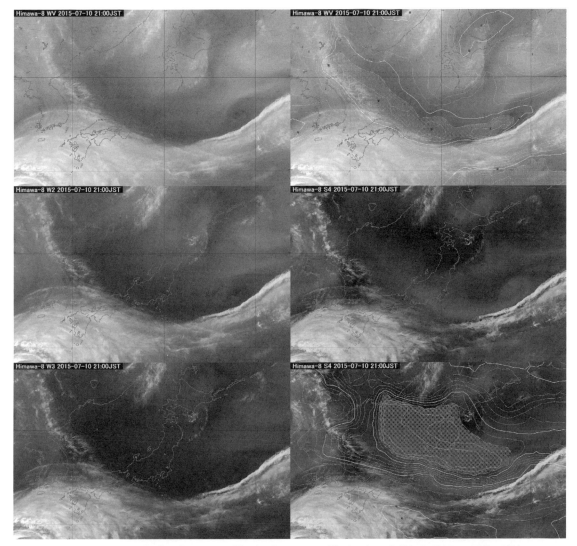

図1.53　6.2μm画像（WV）・7.0μm画像（W2）・7.3μm画像（W3）の比較および6.2μm画像の暗域
および7.3－6.2μm差分画像の暗域による乾燥域の把握　2015年7月10日21時
左上段：6.2μm画像，左中段：7.0μm画像，左下段7.3μm画像
右上段：6.2μm画像とGSM300hPa湿数（18℃以上の乾燥域をハッチ処理），
右中段：7.3－6.2μm差分画像
右下段：7.3－6.2μm差分画像とGSM700hPa湿数（36℃以上の乾燥域をハッチ処理）

6.2μm・7.0μm・7.3μmの3つの水蒸気画像を比較すると、観測波長が長くなるのに合わせて、上層の水蒸気による吸収率が小さくなるため、画像は全体的に「黒く」表現されている。

6.2μm画像と数値予報資料（GSM）の300hPaの湿数（18℃以上をハッチ処理）を重ねあわせると、暗域が上層の乾燥域と対応が良いことがわかる。

一方7.3－6.2μm差分画像と数値予報資料（GSM）700hPaの湿数（36℃以上をハッチ処理）を重ね合わせると、この差分画像の暗域は700hPaの乾燥域と対応が良く、通常の6.2μm画像で解析できなかった中層付近の乾燥域の把握ができることがわかる。

1-6.3 黄砂の監視

図1.54　黄砂の監視

上段：10.4 − 12.3μm 差分画像
中段：10.4 − 8.6μm 差分画像
下段：可視3バンド合成カラー画像
2015年9月21日19時

10.4 − 12.3μm 画像は、ひまわり7号までのIR − I2の差分画像とほぼ同様の画像で、SiO_2 の射出エネルギーの違いにより、黄砂や火山灰が白く見える。

10.4 − 8.6μm 画像は、ひまわり8号から観測を始めたMI画像を使った差分画像で、この例では通常の差分画像と同様に黄砂は白く見える。

可視3バンド合成カラー画像では、タクラマカン砂漠からタリム盆地が赤っぽく見え、そのタクラマカン砂漠から舞い上がる黄砂も確認できる。

1-6.4 森林火災（野焼き）の監視（インドネシアの例）

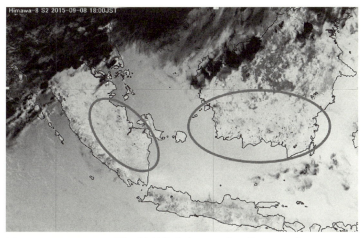

灰色の円内の黒く見える部分がホットスポットと呼ばれる輝度温度の非常に高い部分で森林火災（野焼き）が考えられる。なお火山の噴火口も同様に黒く見える。

図 1.55　3.9 − 10.4 μm 画像（赤外差分 2）：2015 年 9 月 8 日 18 時

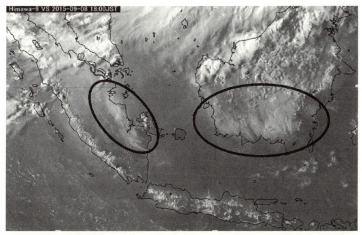

0.64 μm 画像（VS）では、森林火災（ホットスポット）から北西方向に広がる煙が確認できる。なお図の時刻は夕方で、太陽高度が低いため、陰影により煙が明瞭に確認できる。

図 1.56　0.64 μm 画像（VS）：2015 年 9 月 8 日 18 時

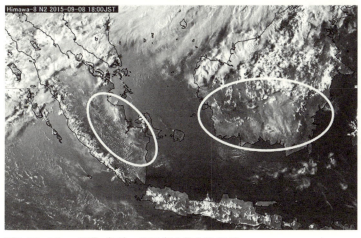

1.6 μm 画像（N2）では、森林火災の煙がほとんど確認できない。これは煙の粒子が水雲より小さいため 1.6 μm では反射しない（透過及び散乱する）ためである。

図 1.57　1.6 μm 画像（N2）：2015 年 9 月 8 日 18 時

中国天津の爆発事故（2015年8月12日）

2015年8月13日の午前0時（日本時間）、中国天津で大規模な爆発事故が発生した。下図はその時の10分毎（00時36分・46分・56分・01時06分頃）の10.4－12.3μm赤外差分画像1（左）と3.9－10.4μm赤外差分画像2（右）である。赤外差分画像1では爆発に伴う飛散物が、赤外差分画像2では爆発地点のホットスポットが確認できる。

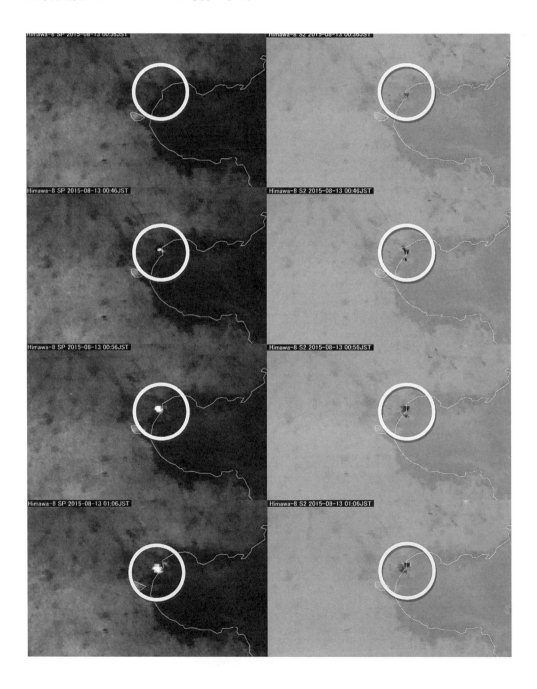

1-7 ひまわり8号の観測の仕組み

　ひまわり8号の可視赤外放射計（AHI）による観測は、これまでのひまわり6号や7号と同様に、走査鏡（カメラ）を北極～南極方向に動かすとともに、走査鏡を西～東（東～西）に動かして、地球を北極～南極まで順に東西に走査している。その途中で日本域など特定の領域を走査し、一回の全球観測を10分間で行う。ひまわり7号では全球画像1枚の観測に30分を要していたため観測頻度は3倍となっている。（図1.58参照）

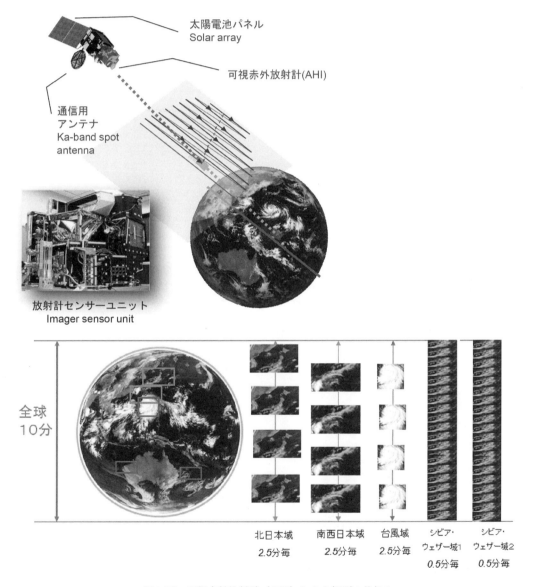

図1.58　可視赤外放射計（AHI）による観測の仕組み

さらに、全球観測と同時並行して10分間の中で小領域観測機能（ラピッド・スキャン）を行う。すなわち、大中小5か所の小領域観測、北日本域（2,000km×1,000km）、南西日本域（2,000km×1,000km）を2.5分毎、台風などの機動的な小領域観測（1,000km×1,000km）を2.5分毎、シビア・ウェザー域や位置合わせのためのランドマーク（1,000km×500km）2箇所を30秒毎に観測する。

走査鏡で集められた光は、16画種の検出器用に分光され、波長毎のフィルターを通して検出器で電気信号に変換されて地上に送られる。

表1.4にひまわり8号の概要を、図1.59に衛星と地上システムの運用構成を示す。

表1.4　ひまわり8号の概要

軌道上展開後の大きさ	全長約8 m
打ち上げ重量	打ち上げ時　約3500kg ドライ　　　約1300kg
静止軌道初期の発生電力	約2.6kw
設計寿命	15年以上
ミッション運用寿命	8年以上（運用7年＋並行観測1年）

使用する周波数帯
Ku帯（12〜13GHz帯）　（衛星⇔地上局）：テレメトリ、コマンド、レンジング
Ka帯（18GHz帯）　　　（衛星⇒地上局）：放射計データ、DCP（通報局）データ
UHF帯（402MHz帯）　　（地上局⇒衛星）：DCP基準信号等

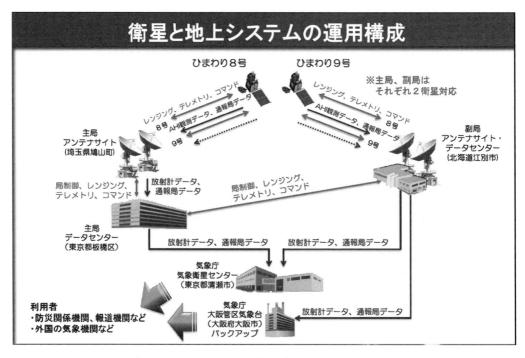

図1.59　衛星と地上システムの運用構成（気象衛星センターHPより転載）

地上システムのうち、アンテナは鳩山（埼玉県）と江別（北海道）に置かれ、それぞれ2機のアンテナでデータの受信を行い、取得したデータを主局（板橋区）と副局（江別）で処理し、その後主局で副局のデータと共に品質管理（雨や雪、通信障害等による不良データの削除および合成）を行い、気象衛星センター（清瀬）の気象庁システム（NAPS）に送られるとともに、副局のデータが大阪管区気象台のバックアップシステムに伝送される。（図1.59および図1.60参照）

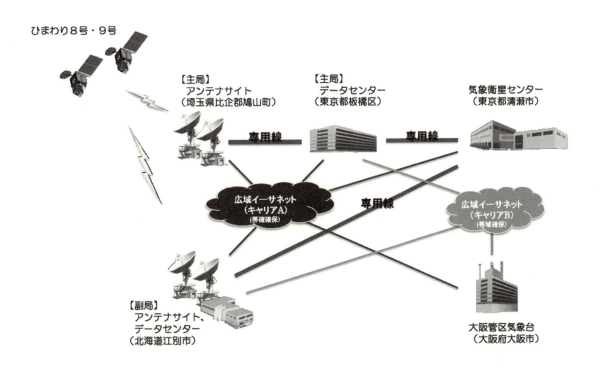

図1.60　ひまわり8・9号のデータ配信（気象衛星センターHPより転載）

1-8　ひまわり8・9号のデータ配信

ひまわり8号のデータは、気象庁内での利用以外に、以下の種類のデータが部外にも提供されている。

①ひまわり標準データ（Himawari Cloud経由）

　海外の気象水文機関（NOAA/NESDIS等）、二次データ提供機関（NICT, JAXA, DIAS等）、気象業務支援センター

②ランドライン用HRIT形式データ

　官公庁、気象業務支援センター、海外気象機関等

③衛星配信用HRIT形式データ及びLRIT形式データ（HimawariCast）

　衛星配信受信者（JCSAT-2A、2B経由）

このうち HimawariCast は、これまで MTSAT-1R から直接配信していたサービスを商用通信衛星を利用した配信に変更するもので、受信局の各装置を整備し、受信ソフトウェア（通信ソフト等は有償、表示ソフトウェアは無償でダウンロード可能）をインストールすれば、SATAID 形式の衛星動画を誰でも入手可能となる。また同時に数値予報資料や各種観測データ（地上・海上・高層実況、マイクロ波散乱計海上風速等）も配信されている。（図 1.61 参照）

　なお部外配信されているデータについては、以下の機関が画像やプロダクトに変換し、各サイトで公開している。

NICT　ひまわり 8 号リアルタイム画像　（可視合成カラー画像を含む）
・http://himawari8.nict.go.jp/

CIRA　Himawari-8 Imagery
・http://rammb.cira.colostate.edu/ramsdis/online/himawari-8.asp

JAXA ひまわりモニター
・http://www.eorc.jaxa.jp/ptree/indexj.html

千葉大学 CEReS
・http://www.cr.chiba-u.jp/japanese/database.html

DIAS 地球環境情報統融合プログラム
・http://www.diasjp.net/service/himawari8/

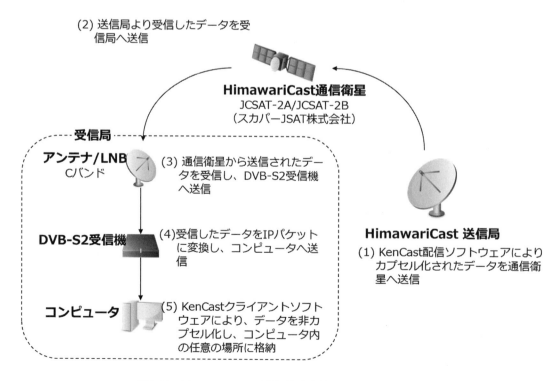

図 1.61　HimawariCast の配信（気象衛星センター HP より転載）

SATAID とは？

　SATAID（Satellite Animation and Interactive Diagnosis，サトエイド）とは、気象衛星センターで開発された気象衛星画像の動画を汎用パソコンで行うソフトウェアであり、最初のビューアーソフトの名称は GMSLP（Geostationary Meteorological Satellite image）だった。

　しかし、気象衛星画像は台風解析作業や予報現業作業で効果的に利用できることから、これらの業務および事例解析や研修を目的に、数値予報や各種観測データの重ね合わせ機能・描画機能・事例解説機能などを追加し、さらにマイクロ波画像の表示機能や台風解析機能などを追加するとともに、これらデータの変換ツールの開発も合わせて行ったことから、ビューアーソフトと各種データ変換および利用ソフトを統合して「SATAID」と総称している。

　2015年のひまわり8号の運用開始に合わせ、「GMSLP」はひまわり8号が観測する16画種すべてを表示可能とし、また500m解像度の可視画像や2.5分観測データ、16画種から作成した差分画像やRGBの重ね合わせ機能などを追加した。

　また Himawari Cast の標準ツールとして気象衛星センターのHPからもダウンロード可能となっている。（ダウンロードできるのは英語版のみとなっている。）

　http://www.data.jma.go.jp/mscweb/ja/himawari89/himawari_cast/himawari_cast.html#software

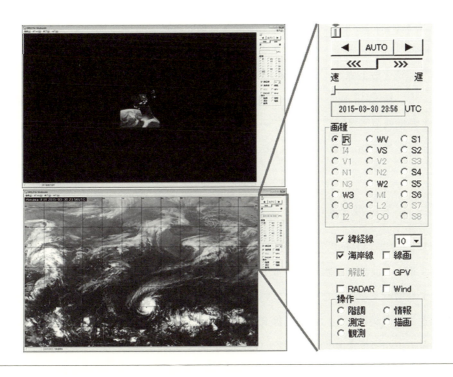

1-9 軌道衛星画像の利用

近年、静止気象衛星で観測している赤外及び可視の波長帯だけでなく、赤外画像より波長の長い（周波数の低い）マイクロ波帯を利用した観測を行う低軌道衛星が数多く運用されてきている。マイクロ波は上層雲（氷晶雲）をほぼ透過するため、赤外・可視の波長帯では解析が困難な厚い上層雲に覆われた熱帯じょう乱の下層の構造についても確認できるとともに、海上風速の推定や上層の暖気核の強さの確認なども可能である。

このため、日本を始め各国の気象機関等では静止軌道衛星の赤外・可視画像と低軌道衛星のマイクロ波データを組み合わせた解析技術の開発に積極的に取り組んでいる。

マイクロ波とは一般に周波数 3 〜 300GHz、波長 10 〜 0.1cm の電磁波を指すことが多いが、低軌道衛星に搭載されているマイクロ波センサーで熱帯じょう乱等の解析に有効な波長帯はおおむね 5 〜 200GHz であり、それぞれの波長帯（もしくはそれらの組み合わせ）で解析できる対象が異なる。

これらの波長帯のマイクロ波画像の利用方法の分類としては大きく分けて次の 3 つがある。

①マイクロ波放射計（イメージャ）
　輝度温度を用いた対流雲域・下層雲域の解析
②マイクロ波探査計（サウンダ）
　輝度温度を数値予報に利用、熱帯じょう乱の暖気核の監視
③マイクロ波散乱計（スキャトロメーター）
　後方散乱断面積を海上風向・風速に変換して利用

このほかにも、衛星搭載レーダー（PR：TRMM、DPR：GPM-Core）、雲レーダー（CPR：Cloudsat）などが低軌道衛星に搭載されている。

なお各低軌道衛星等の略語については、この章の最後の表 1.5（P.67）にまとめる。

1-9.1 マイクロ波放射計

マイクロ波放射計は、DMSP、TRMM、GCOM、GPM-Core 衛星等に搭載されており、地面や海面が射出するマイクロ波放射が水蒸気や水雲、降水、ひょう・あられ等により吸収・再射出又は散乱されることにより増減する特性を利用している。この増減の特性は波長帯によって変わるため、波長により観測できる対象が異なる。たとえば 35 〜 37GHz 帯では、下層の水雲からの放射エネルギーが海面からの放射エネルギーより大きくなる（水雲は海面よりも暖かく（黒く）見える）ことを利用し台風の厚い上層雲の下の下層雲の解析に、また 85 〜 91Hz 帯ではひょうやあられによる散乱の影響で活発な対流雲からの放射エネルギーが海面からの放射エネルギーに比べて非常に小さくなる（活発な対流雲は海面よりも非常に冷たく（白く）見える）ことを利用し熱帯じょう乱の雲域内の活発な対流雲域の特定に利用できる。

1-9.2 マイクロ波探査計

マイクロ波探査計は DMSP、NOAA、Aqua、Metop、S-NPP 衛星等に搭載されており、現在では AMSU および ATMS が主な観測測器となっている。放射計と探査計の一番大きな違いは波長分解能と空間分解能の違いで、放射計は画像の空間分解能（水平解像度）を上げるため波長分解能を下げて大気の放射を観測しているが、探査計は波長分解能を上げて大気の放射を正確に観測する代わりに、水平分解能を犠牲にしている。なお AMSU には、酸素の吸収線を利用して気温のプロファイルを観測する AMSU-A と、水蒸気の吸収線を利用して気温のプロファイルを観測する AMSU-B や MHS がある。ここでは、対流圏の気温のプロファイルを観測している AMSU-A について説明を行う。

AMSU-A は 1998 年 5 月以降、NOAA、Aqua および Metop 衛星に搭載されており、2014 年 10 月現在、NOAA15 号・18 号・19 号、Aqua、Metop-A および B のデータが利用可能で、12 層の高度の気温プロファイル推定用のチャンネル（周波数帯を表わす国際的な用語：各層の気温を推定できる周波数の観測チャンネル）を持っている。

これらのチャンネルは、酸素の吸収線のマイクロ波放射を観測することにより大気の気温を観測するため、赤外チャンネルによる観測とは異なり、上層雲による影響はほとんど受けない。これらのチャンネルの荷重関数（センサーが主にどの気圧面を観測するかを示す関数）を図 1.62 に示すが、主に対流圏（概ね 100hPa 面～地表面）を観測するチャンネルは、チャンネル 4（約 900hPa 面）、5（約 600hPa 面）、6（約 400hPa 面）、7（約 250hPa 面）および 8（約 180hPa 面）である。熱帯じょう乱

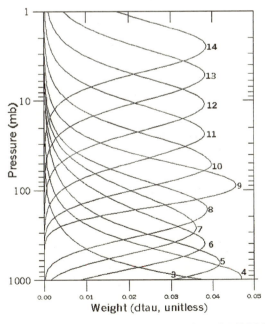

図 1.62 　AMSU-A の気温プロファイル情報取得用のチャンネル（観測周波数：50.3 ～ 57.3GHz）の荷重関数（Kidder et al. 2000）

は基本的に上層に暖気核を持つことから、AMSU-Aにより上層の暖気核の形成やその強さを監視することにより、台風の発生やその強度の推定も可能となる。なお前述したようにマイクロ波では上層雲についてはほぼ透過するため観測への影響はほとんど無いが、発達した対流雲については、雨粒や氷粒によるマイクロ波の吸収や散乱の効果が無視できなくなるため、チャンネル6（約400hPa面）より下層を観測するチャンネルについては、これらの影響を大きく受ける場合があることに注意が必要である。

1-9.3 マイクロ波散乱計

マイクロ波散乱計は、放射計及び探査計とは異なり、レーダーと同様に低軌道衛星からマイクロ波を射出し、その後方散乱断面積を観測し、そのデータから海上風速（海上10m）を推定するものである。マイクロ波散乱計はQuikSCAT、Metop衛星等に搭載されており、このうちQuikSCATのSeaWindsはコニカルスキャン方式、MetopのASCATは固定アンテナ方式である。ここではSeaWindsおよびASCATのそれぞれ方式について海上風向・風速を推定する手順を紹介する。

(1) 低軌道衛星から海面に向けて電磁波を射出し、入射角46°および54°（SeaWinds）または29.3°（ASCAT）の電磁波（後方散乱）をアンテナで受信する。海上の風速が弱く海面が波立っていない場合は射出された電磁波の後方散乱は非常に小さいが、海上の風速が強く海面が波立っている場合は、射出された電磁波の後方散乱は海面の粗度の増加とともに増大する。

(2) 後方散乱断面積の水平面分布から海上風速を格子毎（25kmまたは12.5km）に推定する。

(3) SeaWindsでは観測しながら移動する低軌道衛星の進行方向前面および後面の同じ場所を、ASCATでは進行方向から45°・90°・135°の角度を持った左右2対のアンテナで同様に同じ場所を観測し（図1.63）、その後方散乱の位相差から格子毎の風向の推定を行う（1地点に付き最大4個の風向風速を推定）。

(4) 海上風速の水平面分布から近接する格子の風向・風速の異常値を除外する（スムージング）。

(5) 風向または風速が急変する格子については、数値予報の結果を利用して風向・風速の最適値を順位付ける（ナッジング）。

(6) 格子毎の後方散乱断面積と1～4個の風向風速及び信頼度の順位を配信する。

このため、マイクロ波散乱計の風向風速は、それを処理した数値予報結果の影響を受ける。また後方散乱断面積は海面の粗度と正の相関を持つが、一定以上の風速では海面の粗度の変化が上限となるため、観測できるのは最大60kt程度である。さらにマイクロ波の伝播経路に発達した積乱雲がある場合、雨粒の吸収等によるマイクロ波の減衰（散乱断面積の減少）、または雨粒のレンズ効果（雨雲がレンズのように散乱断面積を大きくする効果）による散乱断面積の増加が発生し、観測誤差を発生させるため、風向風速プロダクトは品質管理情報（雨フラグ・品質フラグ等）が付加されており、現業利用する際は品質の高いデータおよび信頼度情報

を参考にして利用することが必要となる。

　図1.64〜1.66に台風第1513号の発生期・発達期・最盛期のひまわり8号の10.4μm画像、マイクロ波イメージャ（放射計）、サウンダ（探査計）およびスキャトロメーター（散乱計）の画像を示す。

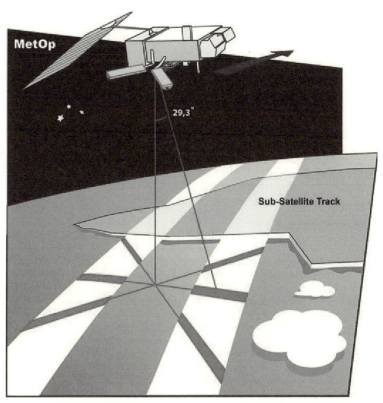

図1.63　ASCATの観測模式図（ASCAT Wind Product User Manualより引用）

台風 1513 号のマイクロ波画像

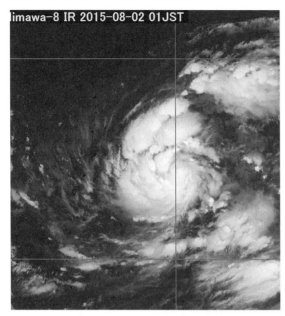

10.4μm 画像（IR）：2015 年 8 月 2 日 01 時

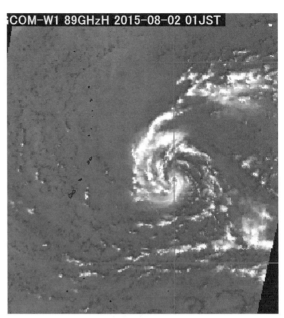

GCOM-W 89GHz 水平偏波：
2015 年 8 月 2 日 01 時

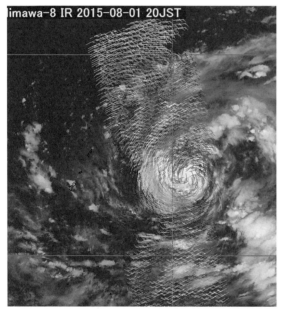

10.4μm 画像 10.4μm 画像＋マイクロ波散乱計（ASCAT）：
2015 年 8 月 1 日 20 時

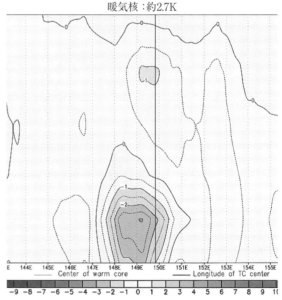

NOAA-19　AMSU による気温偏差の断面図：
2015 年 8 月 2 日 02 時

台風 1513 号の発達期：10.4μm 画像（IR）（左上図）ではバンドが明瞭化し始め、中心の決定が比較的用容易になりつつあるが、マイクロ波イメージャ（右上図）では中心位置の特定が非常に容易。マイクロ波サウンダ（右下図）では暖気核が 2.7K 程度でまだ最盛期とはなっていない。マイクロ波スキャトロメーターでは中心の北側〜北東側に強風域が確認できる。

図 1.64　2015 年 8 月 2 日 02 時前後のマイクロ波画像等
03 時の台風 1513 号の強度　中心気圧：990hPa、最大風速 50kt

10.4μm 画像（IR）：2015年8月3日20時

GPM 89GHz 水平偏波：2015年8月3日20時

10.4μm 画像 10.4μm 画像＋マイクロ波散乱計（ASCAT）：
2015年8月3日20時

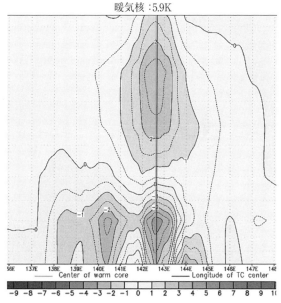

NOAA-15　AMSU 断面図：
2015年8月3日17時

台風1513号の最盛期：10.4μm 画像（IR）（左上図）では眼が明瞭化しており、中心の決定が容易。マイクロ波イメージャ（右上図）では濃密な壁雲の構造が確認できる。マイクロ波サウンダ（右下図）では暖気核が5.9K程度と最盛期となっている。

図1.65　2015年8月3日20時前後のマイクロ波画像等
21時の台風1513号の強度　中心気圧：910hPa、最大風速105kt

10.4μm 画像（IR）：2015 年 8 月 7 日 20 時

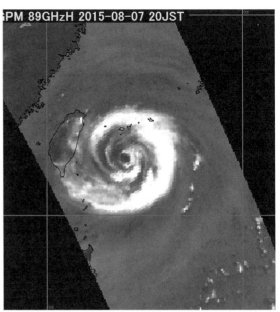

GPM 89GHz 水平偏波：2015 年 8 月 7 日 20 時

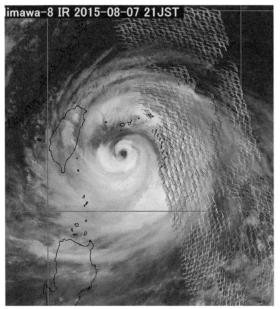

10.4μm 画像 10.4μm 画像＋マイクロ波散乱計（ASCAT）：
2015 年 8 月 7 日 21 時

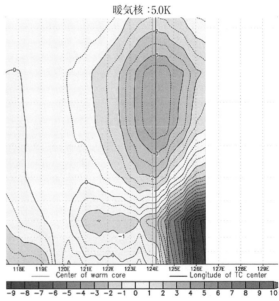

NOAA-15　AMSU 断面図：
2015 年 8 月 7 日 19 時

台風 1513 号の衰弱期：10.4μm 画像（IR）（左上図）では眼が徐々に不明瞭化している。マイクロ波イメージャ（右上図）では中心の西側の濃密な壁雲の衰弱傾向が確認できる。マイクロ波サウンダ（右下図）では暖気核が 5.0K 程度と最盛期からは若干低くなっている。

図 1.66　2015 年 8 月 7 日 20 時前後のマイクロ波画像等
21 時の台風 1513 号の強度　中心気圧：935hPa、最大風速 90kt

表 1.5 低軌道衛星の略語

・AMSU（Advanced Microwave Sounding Unit）	
	NOAA15号以降に搭載されている改良型マイクロ波探査計。酸素からのマイクロ波放射を観測することにより気温を観測するAMSU-Aと水蒸気の鉛直分布を観測するAMSU-Bがある。
・AMSU-A（Advanced Microwave Sounding Unit-A）	
	NOAA15～19号、Aqua、Metopに搭載されている改良型マイクロ波気温サウンダ。
・Aqua（Aqua）	
	AMSR-EやAMSU-Aを搭載した極軌道衛星。
・ASCAT（Advanced Scatterometer）	
	Metop-A及びMetop-Bに搭載されている改良型マイクロ波後方散乱計。
・ATMS（Advanced Technology Microwave Sounde）	
	S-NPP衛星に搭載されているAMSU-A及びAMSU-Bの後継マイクロ波探査計。
・DMSP（Defense Meteorological Satellite Program）	
	米空軍の軍事気象衛星。
・GCOM（Global Change Observation Mission）	
	地球環境変動観測ミッション。
・GCOM-W（GCOM-Water）	
	GCOM計画において、水循環変動に関する観測を担当する衛星。
・GMI（GPM Microwave Imager）	
	GPM-Core衛星に搭載されたマイクロ波放射計。
・S-NPP（Suomi-NPP：Suomi National Polar-orbiting Partnership）	
	NOAA衛星の次世代衛星（JPSS-1）の試験衛星。
・QuikSCAT（Quick Scatterometer）	
	NASAが運用していた極軌道衛星。マイクロ波散乱計SeaWindsを搭載していたが2009年に運用を終了した。
・SeaWinds（SeaWinds）	
	QuikSCAT衛星に搭載されたマイクロ波後方散乱計。
・SSM/I（Special Sensor Microwave/Imager）	
	DMSP15号以前に搭載されているマイクロ波放射計。
・SSMIS（Special Sensor Microwave Imager Sounder）	
	DMSP16号以降搭載されているSSM/Iに探査計用チャンネルを追加したマイクロ波放射計。
・TMI（TRMM Microwave Imager）	
	TRMM衛星に搭載されたマイクロ波放射計。

第2章　防災のための衛星画像の見方と解説

　最近は、テレビの天気予報で毎日衛星画像を見ることができ、2015年7月からは「ひまわり8号」の画像も見ることができるようになった。このため、この衛星画像の雲域等がどのような意味を持つのかが理解できればより天気予報が面白くなる。また、台風・大雨や大雪等の接近および発生時の衛星画像はどのような雲域なのか知っておけば、気象情報[*1]や注意報[*2]・警報[*3]等のより一層の理解にも役立つ。なお都道府県や各市町村の防災担当者等は、常時衛星画像をモニターしているわけでないので、忙しい中でも一助になりえるようなポイントを、解説図を使って説明する。

　この章では最初に衛星画像の基本画像である、可視・赤外・水蒸気画像の説明を行い、次に衛星画像の利用（解析）方法、最後に衛星画像特有の雲パターンと水蒸気パターンを順次紹介していく。画像の見方を紹介するにあたり、衛星画像特有の雲パターンと水蒸気パターンについては、気象衛星センター発行の「気象衛星画像の解析と利用（平成12年3月）」と「気象衛星画像の解析と利用―航空気象編―（平成14年3月）」を、その他は、気象庁ホームページ（以下気象庁HP）を参考にしている。また解説では、一般的にあまり馴染みのない専門用語が出てくるが、この用語は気象庁HPの「天気予報で用いる用語」として掲載されており、一般の方にもわかりやすく説明しているので、参考にしていただきたい。なお専門用語にはアンダーラインを引き、文章中に簡単な説明を（　）内に付記する。

　　予報用語のアドレス　http://www.jma.go.jp/jma/kishou/know/yougo_hp/mokuji.html

[*1]　気象情報：円滑な防災活動を支援するため、一般および関係機関に対して現象の経過や予想、注意すべき事項等を解説したもので、対象とする予報区により全般気象情報、地方気象情報、府県気象情報に分類する場合がある。情報の主な種類として、台風に関する情報、大雨や暴風などに関する情報、記録的短時間大雨情報、低気圧に関する情報、少雨に関する情報、海氷情報、潮位に関する情報、黄砂に関する情報などがある。
　　　気象情報のアドレス　http://www.jma.go.jp/jp/kishojoho/
[*2]　注意報：災害が起るおそれがある場合にその旨を注意して行う予報。気象、地面現象、高潮、波浪、浸水、洪水の注意報がある。気象注意報には風雪、強風、大雨、大雪、雷、乾燥、濃霧、霜、なだれ、低温、着雪、着氷、融雪の注意報がある。
[*3]　警報：重大な災害の起こるおそれのある旨を警告して行う予報。気象、地面現象、高潮、波浪、浸水、洪水の警報がある。気象警報には暴風、暴風雪、大雨、大雪の警報がある。
　　　気象警報・注意報のアドレス　http://www.jma.go.jp/jp/warn/

2-1 可視および赤外画像の利用

2-1.1 可視画像（VS：Visible）の特徴

可視画像（図2.1）は、雲や地表面・海面等で反射した太陽光の反射エネルギーを画像化したもので、海・陸・雲などの状態が観測できる。反射の大きい所は明るく（白く）、小さい所は暗く（黒く）画像化している。一般に雲や雪面は反射率が大きいので明るく、地面は雲に比べ暗く、海面は反射率が小さいのでもっとも暗く見える。

可視画像は雲の形状や種類・下層雲の移動など、メソスケール現象（半径がメソαスケール：1,000～100km程度、メソβスケール：100～10km程度）の把握には非常に有効であるが、太陽光の反射エネルギーを観測するため昼間だけしか利用できず、また観測する場所や時間により太陽高度が異なるので、雲域の盛衰等については解析に注意が必要となる。

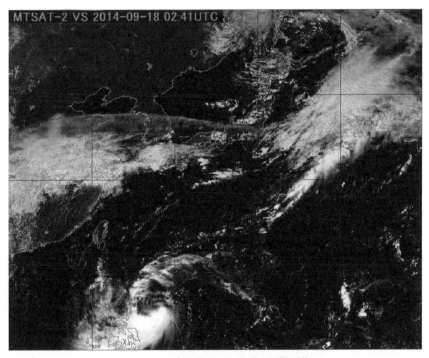

図2.1　2014年9月18日12時の可視画像

2-1.2 可視画像の利用

① 厚い雲と薄い雲の識別

雲の反射率は、雲に含まれる雲粒や雨滴の量及び雲の密度に依存する。一般に下層の雲は多くの雲粒や雨滴を含むので、上層の雲より明るく見える。また、積乱雲のように、鉛直方向に発達した厚い

雲は、明るく見える。逆に薄い上層雲の場合は、下が透けて見えるため中層や下層に雲がある場合はその雲が、ない場合は陸地・海面が見えるため、雲自体は薄いベール状に見える。

② 対流性と層状性の識別

雲頂表面のきめ（texture）から雲型を識別できる場合がある。一般的に層状性の雲の雲頂は、安定層によりほぼ同じ高さとなっているため表面は比較的滑らかであるが、対流性の雲頂表面は上昇流の影響で凸凹として不均一である。なお朝晩は、太陽光が斜めからあたり凸凹があると影ができるため、対流雲と層状雲の判別は比較的容易となる。

③ 雲頂高度の比較

朝晩で太陽光が斜めからあたる時、高さの異なる雲が共存していると、雲頂高度（予報用語：雲のもっとも高い部分の高度）の高い雲の影が雲頂高度の低い雲面に映ることがある。この時太陽高度角を利用して、この雲の高さの差を推定することもできる。

2-1.3　赤外画像（IR：Infrared）の特徴

赤外画像（図2.2）は雲頂温度（予報用語：厳密には雲頂の等価黒体輝度温度）の分布を表している。赤外画像は、海（地）面や雲の表面からの赤外放射エネルギーを観測し、放射物体の黒体温度（Equivalent Black Body Temperature）に換算して、温度の高い所を暗く（黒く）、最も冷たい低い所を明るく（白く）、画像化している。

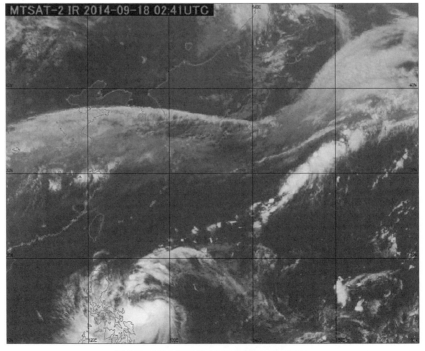

図2.2　2014年9月18日12時の赤外画像

2-1.4 赤外画像の利用

① 常時監視

　赤外画像は可視画像と違って、昼夜の別なく同じ条件で観測が可能である。これは、気象じょう乱（予報用語：一般には定常状態からの乱れをいう。気象学ではかなり広義に用いられている。たとえば、a）低気圧　b）まとまった雲や降水などを伴う大気の乱れ　c）定常状態からの大気の偏り）を常時監視する上で、もっとも有利な点である。

② 雲頂高度の観測

　赤外画像は温度情報のため、その場所における気温の鉛直分布（プロファイル）がわかれば、雲頂温度から雲頂高度を推定することが可能となる。一般的に対流圏では上層ほど気温が低いため、雲頂温度が低い雲（白い雲）は雲頂高度が高いといえる。また雲頂温度の時間変化から、対流雲の発達状況（白くなると発達）等が監視できる。

③ 雲パターンの解析

　赤外画像では特徴的な雲の形状を雲パターン（第3章参照）として解析することができる。この雲パターンから、低気圧の発達・衰弱等を推定することが衛星画像解析の手法そのものである。

④ 地表面や海面温度の測定

　赤外画像からは、雲頂温度のほか、晴天域における地表面や海面の温度も推定できる。とくに直接観測の少ない海面水温は、数値予報モデルの初期値への利用など有益な情報となる。

2-1.5 可視画像、赤外画像でみる雲の特徴

① 上層雲

　可視画像では薄い上層雲はベール状に見えるが、赤外画象では薄い上層雲も「冷たい」ため、全般に白く明瞭に見える。なお可視画像では積乱雲や低気圧・台風の周辺以外を除いては、上層雲の透き間を通して中層雲や下層雲を確認できるため、動画では、上層雲の判別はより容易になる。

② 中層雲

　大気の中層（おおむね 3,000～5,000m）に存在するため雲頂温度は－5～－20℃程度で、可視画像では白く、赤外画象では灰色～明るい灰色に見える。

③ 下層雲

　雲の密度が高いため、可視画像では白く見える。対流雲は雲頂が凸凹に、層積雲や層雲・霧は滑らかに見える。雲頂温度はおおむね－5℃より暖かく、地面や海面との温度差が少ないため赤外画像では地面や海面と判別ができない場合もある。

2-1.6 上層雲と積乱雲（Cb）の判別

上層雲には濃い塊状のものもあり（dense Ci）、Cbと誤判別するような場合がある。

Cbは集中豪雨をもたらすことから、Cbの発生場所の動向を衛星画像によって実況監視することは防災面から重要である。上層雲とCbを判別する場合は形状・移動速度・存在する場所などを利用するが、場合によってはこの判別は気象庁の予報官でも難しい場合がある。

① 形状による判断

Cbは、赤外画像、可視画像ともに非常に白くて鋭い（明瞭な）縁を持った塊状（ゴツゴツしたような）の雲域として現われる。赤外画像では風上側の縁は明瞭で、風下側は羽毛状の巻雲が見られることが多い。

上層雲は、可視画像ではCbに比べて輝度が低く変化が穏やかで、帯状または筋状になる。濃い塊状の上層雲（dense Ci）は、Cbとの判断が難しく、形状だけでは判断できない。

② 移動速度による判断

動画で見るとCbは発生場所が停滞か、ゆっくり移動する。通常、風上側に発生場所があり、風下側には、かなとこ巻雲（P.153）が流される。これに対し 上層雲は上層風の速い流れに乗って移動する。

③ 存在する場所による判断

Cbは寒冷前線（予報用語：暖気団側へ移動する前線。通常、前線の通過後に気温が下がる）、停滞前線（予報用語：ほぼ同じ位置にとどまっている前線）、雲バンド（P.92）の南縁、雲渦（P.99）付近、暖湿気流域、上昇流域、強い寒気移流域（予報用語：相対的に寒気団側から暖気団側へ向かって風が吹き、寒冷な気塊が、暖気に覆われていた空（地）域に流入すること）などに発生しやすい。

上層雲は、強風軸付近（予報用語：高層天気図などで強風帯の中心を連ねた線。ジェット気流の中心線は典型的な強風軸である）、雲バンドの北縁、じょう乱の北側に多い。地形性Ci（P.145）は山脈の風下側に見られ、停滞する。

2-1.7 雲型の判別

前項を踏まえ図2.3に雲型判別の例を示す。

画像中央の大陸の華中から黄海・朝鮮半島南部・関東地方にかかる雲域Aは上層雲である。赤外画像では白色で幅のある雲の帯に見え、雲域の走向は上層の風向に沿っている。また可視画像でも雲域の北側縁以外は上層雲の下にある地形が透けて見えるので、これらの理由から薄い上層雲であると判断できる。

大陸の華中から四国付近に見える雲域Bは中層雲である。赤外画像では雲域Aより温度が高いため明灰色に見え、一様な広がりを持つ。可視画像では白く見える。

第 2 章　防災のための衛星画像の見方と解説　73

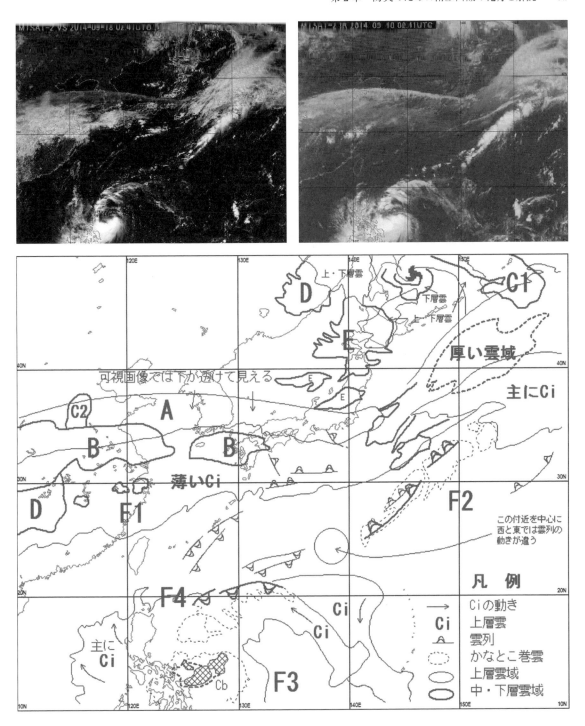

図 2.3　雲形判別の事例　2014 年 9 月 18 日 12 時
可視画像（図 2.1 の縮小版：左上）　赤外画像（図 2.2 の縮小版：右上）　雲形判別の解説図（下）

画像右上の千島近海の雲域 C1 は下層雲（層雲または霧域）である。赤外画像では周りの雲域と比べ黒く、海面とほぼ同じ温度となり、ほとんど区別がつかない。可視画像では明灰色に見え、雲域の表面は滑らかに見える。雲域の一部は、千島列島の島の影響を受け、島の風下に隙間ができている所もある。また、可視画像で大陸上の華北付近に上層雲を通して見える雲域 C2 は下層雲（層雲）である。赤外画像では上層雲に隠れて見えない。

　画像中央上の沿海州の雲域 D は下層雲（層積雲）である。赤外画像では暗灰色に見える。可視画像では明灰色に見え、層雲や霧に比べ、でこぼこした表面を持っている。同様の雲域はもう1か所大陸の華中から華南にかけて存在するが、赤外画像では判別が難しい。

　北陸地方から北海道地方日本海側の雲域 E は積雲である。赤外画像では層積雲よりも明るい明灰色に見える。可視画像では明灰色に見え、形状も塊状をし、雲縁は明瞭である。北海道の一部ではやや発達しており、積雲よりやや明るい。

　最後に Cb の雲域を見てみる。主な雲域は、大陸上の華中に見える塊状の雲域 F1、日本の東海上の帯状の雲域 F2、フィリピンの東海上の台風にともなう雲域 F3、台風に巻き込む雲列 F4 が Cb である。これら Cb の雲域は、赤外画像・可視画像ともに白色で可視画像ではもっとも白く見え、形状は塊状をしている。

　さらに雲域を一つ一つ個別に見てみる。

　大陸上の華中に見える雲域 F1 は、最盛期を過ぎた Cb で、大部分を Cb から発生したかなとこ巻雲が占めているが、一部雲域の北側縁が Cb の形状を示している。この画像のように最盛期を過ぎた Cb を一枚の画像で判別するのは非常に難しい。

　次に、日本の東海上の雲域 F2 は、地上の寒冷前線にほぼ対応したもので、Cb が雲列（P.92）をなしている。赤外画像で見ると、かなとこ巻雲もかなり広がっているため、雲域全体が白く輝いており Cb の一つ一つを識別するのが難しいが、可視画像では一つ一つの塊がやや不明瞭ではあるが、確認できる。

　最後にフィリピン東海上の台風に関連している雲域 F3 と F4 である。雲域 F3 は台風の中心からやや南側にあり赤外画像・可視画像ともにもっとも白く輝いている。Cb の雲域も大きいが、今後南からの暖湿流が強化し、より中心付近で発生が持続すれば台風の発達に寄与すると考えられる。もう一つの雲域 F4 は台風の北側のスパイラルバンドで雲列のところどころに Cb が発生しており、赤外画像では北側の縁は明瞭で、南東側にはかなとこ巻雲が広がっている。可視画像では Cb 一つ一つの塊が明瞭に見える。

　なお、その他特記すべき雲域等は、解説図に記述した。

2-2 水蒸気画像の利用

2-2.1 水蒸気画像の特徴

水蒸気画像（図2.4）も赤外画像の一つで温度の分布を表わし、温度の低いところを明るく、温度の高いところを暗く画像化している。ただし、水蒸気画像の波長帯は大気中の水蒸気による吸収・再放射が非常に大きいため画像の明暗は上・中層の水蒸気の多寡の影響を強く受ける特徴を持つ。上・中層で水蒸気の少ない領域（乾燥域）は、より下層からの放射エネルギーが上・中層の水蒸気に吸収されないため温度が高く観測され、画像では暗くみえる。一方上・中層で水蒸気が多い領域（湿潤域）は、上・中層の水蒸気がより下層からの放射エネルギーを吸収し再射出するため、温度が低く観測され、画像では明るく見える。

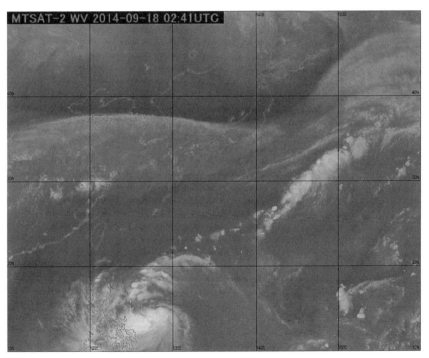

図2.4　2014年9月18日12時の水蒸気画像

2-2.2 水蒸気画像の利用

水蒸気画像では、雲が無い領域で、水蒸気をトレーサー*として上・中層の大気の流れを可視化できる特徴がある。

また水蒸気画像の明域・暗域（P.118）の水蒸気パターンから、上・中層のトラフ（P.116）・上層渦（P.112）・上層のリッジ（P.116）、ジェット気流の位置の推定（P.119）や、明域・暗域の時間変

化（明化・暗化）から上・中層のトラフの深まりや浅まりを推定することも可能である。ただし、中緯度帯～低緯度帯では対流圏の中層まで大量の水蒸気が存在するため、下層の水蒸気の放射エネルギーは中・上層の水蒸気が吸収・再射出するため、下層の水蒸気の情報はほとんど得ることができない。

*トレーサー：物質の移動や変化を追跡するために目印となる物質

① 暗域

水蒸気画像で黒く見える領域。暗域は、上・中層が乾燥していることを表わす。

② 明域

水蒸気画像で白くあるいは灰色に見える領域。明域は、上・中層が湿っていることを表わす。（中・上層雲は大量の水蒸気を含むため白く輝いて見えるが、下層雲は水蒸気画像ではほとんど確認できない）なお、明域・暗域は定量的な基準で判別されるものではなく、画像上で明るい部分や暗い部分を指す定性的な概念である。

③ 暗化

暗域が時間とともに暗さを増すことを暗化と呼ぶ。暗化域は上・中層の沈降場に対応することが多く、上層トラフの深まりや高気圧の強まりを表す。

2-3 雲画像から得られる情報

(1) 天気予報の理解に必要な衛星画像の現象（衛星画像特有なもの）
  ① 低気圧や前線に関連して見える現象：バルジ、フックパターン、ロープクラウド、雲バンド、雲列、下層雲渦、オープンセル、クローズドセル、筋状雲等
  ② 上層大気の流れに関連して見える現象：Ci ストリーク、トランスバースライン、上層渦、上層トラフ、バウンダリー
(2) 季節等により日常見られる現象：霧域、積雪の分布域、海氷域の分布、森林火災の煙、黄砂の飛散状況、火山噴煙
(3) 地形等の影響を受けて見える現象：地形性 Ci、波状雲、カルマン渦、霧域等
(4) 積乱雲に関連して見える現象：かなとこ巻雲、テーパリングクラウド、アーククラウド、クラウドクラスター
(5) その他の現象：航跡雲、サングリント、潮目、日食、ブラックフォグ等
  に分類される。

水蒸気画像で見える台風からの水蒸気で大雨になる？

　水蒸気画像は、水蒸気が射出するエネルギーを画像化したもので、白く見えるのは水蒸気からの放射、つまり水蒸気の存在を示す。このため、台風の接近時等に表題のような解説を聞くことがあるが、これは正しい解説であろうか？

　衛星観測の基礎でも記述しているが、水蒸気画像も赤外画像の1つのため、「白い」領域は「温度が低い」領域を表わしている。

　下図は台風第1330号（Haiyan）がボッ海湾から中国大陸に上陸した頃（2013年11月11日15時）の水蒸気画像（左）・赤外画像（中）・可視画像（右）である。水蒸気画像を見ると、確かに台風からの大量の水蒸気が日本の付近まで流れてくるように見えている。しかしこの時の水蒸気画像の白く見える領域の輝度温度を測定してみると、－40℃～－60℃ぐらいで、高度に換算すると5,000～7,000m程度である。また一番右の可視画像と比較すると、水蒸気画像では九州から奄美大島付近は水蒸気画像では、白い領域となっているが、可視画像では寒気に伴う筋状の対流雲域に覆われている。ということは、台風からの水蒸気により筋状雲が発生していることになる。この2枚の気象衛星画像を良く見ると、可視画像で明瞭な筋状雲が水蒸気画像では全く見えないことがわかる。つまり水蒸気画像では下層雲はもとより下層の水蒸気も直接的には観測できないことがわかる。

　ではなぜ台風等では水蒸気画像の「白い流れ」に沿って大雨が降るのであろうか？　水蒸気画像で白く見える部分は上層の水蒸気が射出するエネルギーで、この水蒸気自体は台風が上空に持ち上げた水蒸気や上層雲で、上層の風に流される。この時、上層～下層の鉛直シアー（風向差）が少なければ、上層の水蒸気と下層の水蒸気は同じ方向に流され、風が強い上層の水蒸気が、中下層の雨雲に先行して日本付近に到達することになる。

　つまり水蒸気画像で白く見えるのは、台風により上空に持ち上げられた「水蒸気」で、大雨の「原因」というよりは「結果」ということになる。

　　　水蒸気画像　　　　　　　　　　　赤外画像　　　　　　　　　　　可視画像

2-4　気象庁HPの衛星画像の見方

テレビで毎日見ることができる衛星画像の意味がわかれば、より天気予報が面白くなる。また、県・市町村等の防災担当職員および一般の方々も、台風等で警報・注意報が発表されている時の画像はどの様なものか理解できれば気象情報等のより一層の理解にも役立てるものと思う。

ただし、天気予報で気象解説を行う気象予報士等、気象関係に携わる人以外は、衛星画像を手持ちのパソコンで毎日見られるわけではない。ところがこの衛星画像が毎日、30分毎または2.5分毎（日本付近）に見られるWEB上のサイトが気象庁HPやさまざまなひまわり8号映像ライブラリで見ることができる。これらのサイトでは、衛星画像を見るうえでも欠かせない動画や数種類の画像も見ることができる。

ここでは気象庁HPの衛星画像の使い方を紹介し、その後、衛星画像の見方を項目別に解説する。

一般の検索サイトで気象庁と入力すると、気象庁HPが表示される（図2.5）。

アドレスは http://www.jma.go.jp/jma/index.html

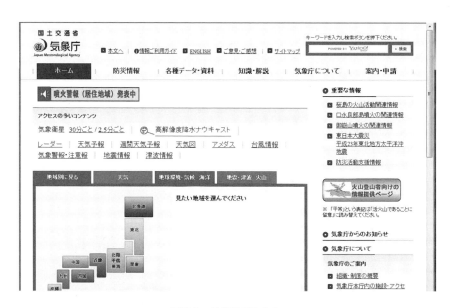

図2.5　気象庁HPから

この気象庁HPには、気象庁が所掌する業務全般（天気予報、アメダス、台風、注意報・警報、地震等）を見ることができる。この中の「アクセスの多いコンテンツ」の上段の一番左に衛星画像があり、「30分ごと」と「2.5分ごと」がある。日本付近の詳細な雲の動きを見る場合は「2.5分ごと」であるが、まずは「30分ごと」をクリックする（図2.6）。

クリックすると「気象衛星」のサイトに飛び、初期画面で赤外画像（図2.7）が表示されている。このサイトが衛星画像を見るためのサイトである。少し詳しく見ていく。

最初に「地域」を選定する。初期画面は「日本域」（図2.7）が表示されている。見える地域は、

第2章　防災のための衛星画像の見方と解説　　79

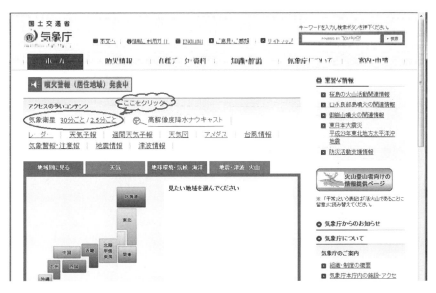

図2.6　衛星画像のクリック　気象庁HPから

東経140度、北緯0度を中心にした全球を4分割した地域（北半球の北西と北東、南半球の南西と南東）（図2.8）、北半球全域と全球（図2.9）の6種類である。たとえば、台風発生のお知らせが出た場合、発生場所がマリアナ諸島、カロリン諸島だと日本域では確認できないので、その時は「地域」で4分割（北東）を選べば、台風が確認できる。また、オーストラリアでサイクロン（インド洋やオーストラリア付近での台風の呼び名）が猛威を振るっているとの情報が入れば、「地域」の4分割（南東）若しくは（南西）で北半球では反時計回りに回る台風の姿とは逆に、時計回りに回転するサイクロンが確認できる。

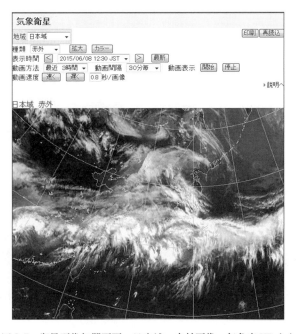

図2.7　衛星画像初期画面　日本域　赤外画像　気象庁HPから

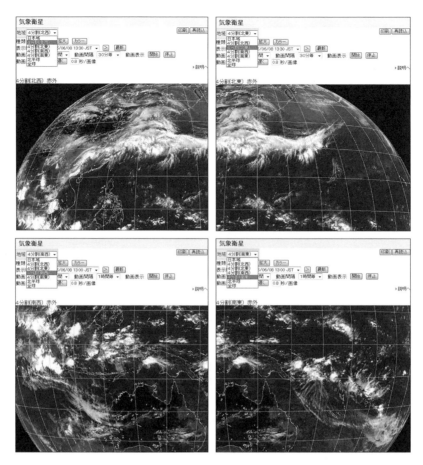

図 2.8 「地域」北半球の北西と北東（上段左右）、南半球の南西と南東（下段左右）　気象庁 HP から

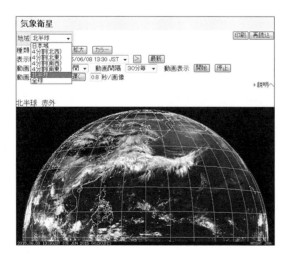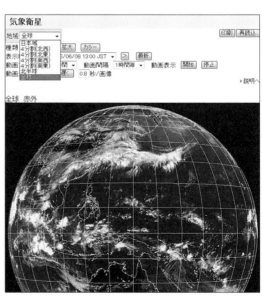

図 2.9 「地域」北半球全域（左）　全球（右）　気象庁 HP から

第 2 章　防災のための衛星画像の見方と解説　81

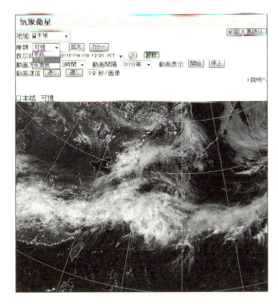 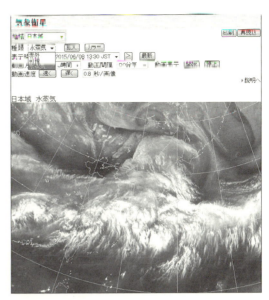

図 2.10　「種類」可視画像（左）　水蒸気画像（右）　気象庁 HP から

　次に、衛星画像の「種類」（図 2.10）を選ぶ。赤外画像、可視画像と水蒸気画像の 3 種類を見ることができる。通常、連続性を重視するため赤外画像を選ぶが、日中は赤外画像と可視画像を併用して見ることをお薦めする。衛星画像の雲の種類の特定には必要な作業である。水蒸気画像では主に上層大気の流れを見る時に選択する。
　「表示時間」（図 2.11）は、左右の矢印で 30 分毎、過去 24 時間遡ることができる。下矢印で任意の時刻を、「最新」のボタンで現在の画像を表示する。「動画方法」（図 2.12）の動画とは、文字通り何枚かの衛星画像をアニメーション風に見ることで、この方法には過去何時間分の画像を動画するか指

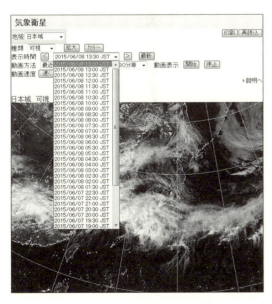 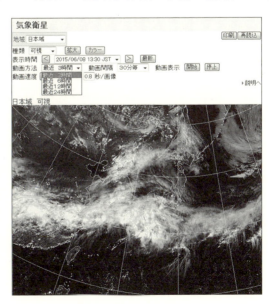

図 2.11　表示時間（左）　動画方法（右）　気象庁 HP から

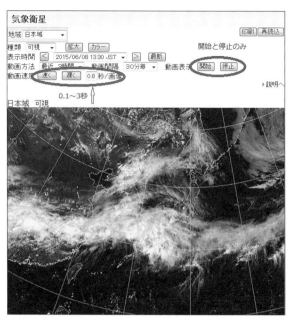

図2.12　動画表示、動画方法　気象庁HPから

定する方法であり、3、6、12、24時間分を選べる。この動画は衛星画像を見るうえでの基本中の基本である。最低12時間前からの動きを見てみたいものである。この「動画方法」の右隣に「動画時間」「動画表示：開始　停止」がある。「動画時間」には30分、1時間毎がある。滑らかな動きを見る場合には30分毎を選択する。

「動画表示」の開始、停止ボタンは読んで字のごとくである。「動画速度」は初期画面で0.8秒であり、0.1〜3秒まで選択できる。最初は、ゆっくり見て、雲の形があまり変わらない雲を追いかけ目を慣らすことである。雲の形は1時間前の形が残っていない場合も多々あり、まずはどのように動いているかを把握することをお薦めする。

　次に「2.5分ごと」（図2.6）であるが、このコンテンツは、日本域の詳細な雲の動きが見られ、とくに局地的大雨（予報用語：同じような場所で数時間にわたり強く降り、100mmから数百mmの雨量をもたらす雨。単独の積乱雲（Cb）が発達することによって起き、大雨や洪水の注意報・警報が発表される気象状態でなくても、急な強い雨のため河川や水路等が短時間に増水する等、急激な状況変化により重大な事故を引き起こすことがある）をもたらすCbの動向を詳細に見ることができる。なお、ニュース等でこの局地的大雨をゲリラ豪雨と放送されることもあるが、気象庁ではこの言葉は使用しておらず、正式な用語ではない。

「30分ごと」との違いは次のとおりである。

　・地域は、日本域だけ
　・表示時間は、2.5分毎
　・動画方法は、1時間または3時間

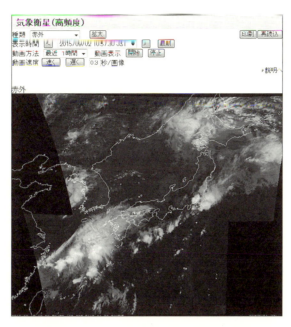

図 2.13　気象衛星（高頻度）初期画面　赤外画像　気象庁 HP から

・種類は、赤外画像と水蒸気画像は同じであるが、可視画像は「可視カラー合成」に、また、新たに雲頂強調画像が追加される

その他の項目は、「30 分ごと」と同じである。ここでは、新たに加わった雲頂強調画像を見てみる。クリックすると初期画面で赤外画像（図 2.13）が表示される。

次に種類で、雲頂強調（図 2.14）を選択する。

雲頂強調画像は、日中の領域は可視画像、夜間の領域は赤外画像を表示し、その上に雲頂高度が高い雲のある領域を色付けした画像である。雲はその高度によって温度が異なる。また、その温度によって雲から放射される赤外線の強さが異なる。そのため、観測される赤外線の強さから、雲の温度がわかり、その雲の高度が推定できる。宇宙にあるひまわりから見えるのは雲頂部分なので、ひまわりの観測データから上記の方法を用いてわかることは雲頂高度である。赤味がかった領域はとくに雲頂高度が高いことを意味している。雲が発達して積乱雲になると雲頂高度が非常に高くなるので、赤味がかった領域の中には積乱雲が含まれている可能性があることがわかる。とくに、日中の領域で使用している可視画像では、太陽光で影ができることにより積乱雲の雲頂のでこぼこした形状が見えるため、このような雲が赤く表示されているときは、積乱雲が存在するとわかる。（注：この色付けはレーダーで観測した降水強度を示したものではありません。）雲頂強調画像の説明は、気象庁 HP から引用。http://www.jma-net.go.jp/sat/data/web/satobs.html

図 2.14 の雲頂強調画像からは、東シナ海から九州南部にかけて発達した雲域が見える。

この「2.5 分ごと」のコンテンツは、観測機能が向上したひまわり 8 号の新機能によるもので、2015 年 8 月にアップされたものである。

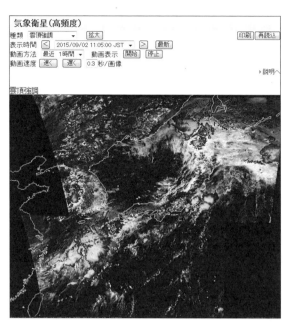

図 2.14　気象衛星（高頻度）雲頂強調画像　気象庁 HP から

　これで、衛星画像を見る準備ができたが、基本は「30 分ごと」の画像で衛星画像の基本を習得し、その後、「2.5 分ごと」の画像をお薦めする。
　なお、衛星画像を見るにあたっての基本的な事柄は次の通りである。
・雲画像では上層から下層までの雲が重なった状態で見える。主に低気圧中心の位置は上層と下層でずれており、移動速度も異なることが多い。必ずしも地上低気圧の位置とよく対応するとは限らない、等、地上天気図と雲画像を重ねる場合は、雲画像の特徴をよく把握することが重要である。
・雲の種類を決める場合は、可視画像が見える日中には、必ず赤外画像と可視画像の両方を見て行う。
・一枚の画像では、ベテランの予報官でも下層雲渦の中心、雲の種類等を決めるのは難しいので、必ず動画を行い雲渦の中心、雲の種類等を決定する。

第 3 章　雲パターンと水蒸気パターン

　この章では項目別に雲パターン（赤外画像と可視画像で見える現象）と水蒸気パターン（水蒸気画像で見える現象）を紹介する。なお各雲パターンを説明するにあたり、主に高層天気図を度々使用するので、高層天気図の種類とその利用について説明を行う。
　高層天気図とは、特定の高度や気圧面における気象要素の分布図であり、気象庁では 300・500・700・850hPa などの等圧面天気図を作成している。各天気図の主な役割は次の通りである。
・300hPa 高層天気図：高度約 9000m で、主にジェット気流、上層トラフの解析を行う
・500hPa 高層天気図：高度約 5500m で、冬季はこの高度の気温は上空の寒気の目安とする、冬季にはジェット気流の解析を行う、上層トラフの解析を行う
・700hPa 高層天気図：高度約 3000m で、雲域の発生等の目安となる
・850hPa 高層天気図：高度約 1500m で、冬季、この高度の気温は下層寒気の目安となる、下層暖湿流流入の目安となる

「高層天気図の説明」は、気象庁 HP の次のアドレスにある。
　http://www.jma.go.jp/jma/kishou/know/kurashi/upper_map.html
　なお、この章では事例解析のため衛星画像を掲載する場合は、画像を重視する目的で、原画には最低限の記号等を入れるだけとし、解説図のコメントと記号等で詳細な解説を行っている。このため解説図を参照しながら原画を見て頂きたい。

3-1　天気予報番組で気象解説等に必要な現象　　（衛星画像特有なもの）

3-1.1　低気圧や前線に関連して見える現象

3-1.1.1　バルジ・フックパターン

(a)　バルジ

　前線性雲バンド（P.92）が、寒気側（極側）に高気圧性曲率（北半球では北側で凸状になる）を持って膨らむ現象をバルジと呼ぶ。上層トラフ（P.116）の接近による<u>前線上の波動</u>（予報用語：前線上に発生し、前線上を移動する小さな低圧部で、天気図上では前線が北へ膨らんだように描かれる）や低気圧の発達に対応し、下層から暖湿な気流が上昇して<u>雲域</u>（予報用語：まとまりを持った雲の領域）が発達していることを示す。また雲域が発達するにつれ高気圧性曲率は増加する。発達しない雲域でも寒気側（極側）に膨らむことがあるが、一時的なもので持続性が無い場合はバルジと呼ばない（「気象衛星画像の解析と利用」気象衛星センター）。

(b) フックパターン

　発達中の雲域は北縁が高気圧性曲率を増し、バルジ形状を示すとともに、南西縁が低気圧性曲率（北半球では南側に凸状になる）を示すようになる。こうした雲縁の曲率の変曲点をフックと呼んでいる。フックの形成は、雲域後面からの寒気移流を示している。なお、フックと地上低気圧中心の位置にはおおよその関係（フックの進行方向に地上低気圧の中心が位置する）が見られる。こうした形状をフックパターンと呼ぶのは日本の慣用のようで、諸外国ではレーダー観測の場合も含め、コンマ形状に対しフックパターンと呼んでいる（「気象衛星画像の解析と利用」気象衛星センター）。

　図3.1～3.3は、2014年1月8日12時の衛星画像と解説図である。対馬海峡付近には今後、日本の東海上で発達する低気圧本体の雲域として、厚い雲域（解説図3.3中の①）がある（赤外画像と可視画像共に白色）。この雲域の北縁にはバルジ（解説図中の▼印）が見え、この雲域と南西からの雲列と雲バンド（解説図中の②）の交点付近には、やや不明朗ながらフック（解説図中の×）も見える。この雲域はその後高気圧性曲率を増して、近畿から東海地方にある厚い雲域（解説図中の③）と合体し、9日9時には一つの低気圧として三陸沖に抜け、日本付近は冬型の気圧配置（予報用語：大陸に高気圧、日本の東海上から千島列島方面に発達した低気圧がある気圧配置）となった。

　なお、この12時の画像には、今後一つの低気圧としてまとまるための雲域等が4つ見える。①対馬海峡付近の低気圧本体の厚い雲域、②東シナ海の寒冷前線対応の雲列（P.92）と雲バンド、③近畿から東海地方には今後①の低気圧本体と合体するもう一つの厚い雲域、④日本の東の海上の温暖前線対応の雲域がある（○数字は解説図参照）。なお水蒸気画像（図略）からは、特徴的なバウンダリー（P.118）等は確認できない。

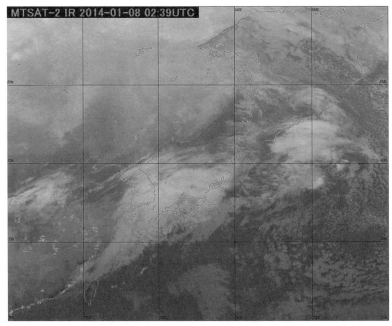

図3.1　バルジ・フックパターン　2014年1月8日12時　赤外画像

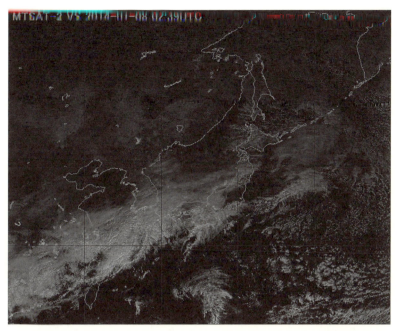

図3.2　バルジ・フックパターン　2014年1月8日12時　可視画像

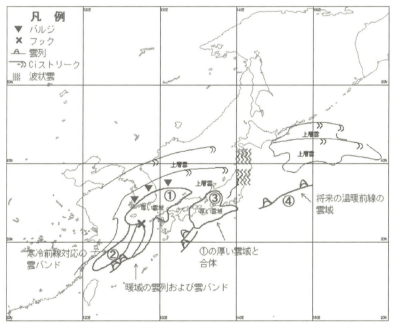

図3.3　バルジ・フックパターン　2014年1月8日12時　解説図

3-1.1.2　寒気場内の現象（オープンセル、クローズドセル、筋状雲、エンハンスト積雲）

　冬季、日本付近は度々冬型の気圧配置となり、寒気場内（寒冷前線後面）の海上では、セル（細胞）状の雲や筋状の雲が現われる。それらの成因から対流の強さや風速分布を定性的に推定できる場合がある。

(a) オープンセル

海上で、雲のない領域を取り囲んだドーナツ状あるいはU字状の雲パターンをオープンセルと呼ぶ。対流性の雲（予報用語：不安定な大気中に発生する粒状または団塊状の雲）から成るオープンセルは、雲のない領域（セルの中心部で下降流）で下降し、取り囲む雲壁（周辺部で上昇流）で上昇する鉛直循環を持つ（図3.4）。風向や風速の鉛直シアー（風向、風速（どちらか一方でも良い）が鉛直方向に急に変化しているところを結んだ線）が小さい時はドーナツ状を維持するが、鉛直シアが大きく風速が強くなると環状部分が崩れ、オープンセルにはならない。

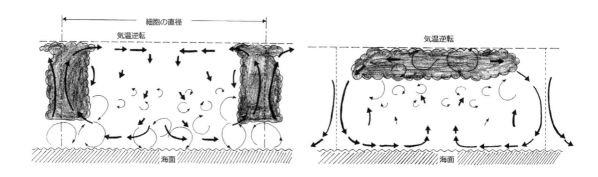

図3.4　オープンセル（左）とクローズドセル（右）のモデル図（浅井1996）
太い矢印は対流循環を示す（「気象衛星画像の解析と利用」気象衛星センターより）

オープンセルは、海面水温と気温の温度差が大きい時に発現する。これはオープンセルが海上の暖流域あるいは強い寒気場内で発達することを表わし、発達した低気圧後面から流入する寒気の強さを推定できる指標にもなる。通常は寒気移流が強く、海面水温と気温の温度差が大きい領域で発現しやすい（「気象衛星画像の解析と利用」気象衛星センター）。

(b) クローズドセル

海上で多角形や塊状をした層積雲から構成される雲パターンをクローズドセルと呼ぶ。風速や風向の鉛直シアは小さく、風速も20kt以下のことが多い。雲頂は逆転安定層（予報用語：気温が上方に向かって等温または高くなっている気層、前線に伴うもの、放射冷却などによるものがある）で抑えられ、高気圧の南東象限あたる下層の高気圧性の流れの領域で発現しやすい。オープンセルに比べ、気温と海面水温の温度差が小さい時発現する。オープンセルになるかクローズドセルになるかは、主に寒気の強弱に対応するので、オープンセルとクローズドセルが存在する領域の境界は、上層の強風軸（予報用語：高層天気図などで強風帯の中心を連ねた線。ジェット気流の中心線は典型的な強風軸である）と一致すると言われている（Bader et al.1995）（「気象衛星画像の解析と利用」気象衛星センター）。

(c) 筋状雲

下層風向に平行に積雲（以下Cu）ややや発達したCu（Cg）で構成された雲列が多数並んだ雲パ

ターンを筋状雲と呼ぶ。雲頂高度はほぼ一定で、雲層内での風向の鉛直シアは小さく、オープンセルやクローズドセルに比べ風速の鉛直シアは大きい（「気象衛星画像の解析と利用」気象衛星センター）。

　(d)　エンハンスト積雲

　低気圧後面の寒気場内に分布するCuから成るオープンセルの領域内に、積乱雲（以下Cb）や発達したCuから成る雲域が見られることがあり、これをエンハンスト積雲と呼ぶ。エンハンスト積雲は、発達した低気圧の後面から南下する強い寒気による不安定成層の中でCuが活発化し、Cbに発達したものである（「気象衛星画像の解析と利用」気象衛星センター）。

　図3.5～3.8は、2014年12月17日10時の衛星画像と解説図である。北海道付近には西岸の976hPaの低気圧と釧路沖の急速に発達した948hPaの低気圧が2つ、また、大陸には優勢な高気圧があり日本付近は強い冬型の気圧配置となっており、上空には強い寒気が流れ込んでいる（図3.9）。このため日本付近には、冬型の気圧配置特有の雲パターンが見える。この中で東シナ海北部に見える雲パターンがオープンセル（図3.8のO　以下図3.8は解説図）である。赤外・可視画像（図3.5、3.6）ともに白色で明瞭である。北緯30度以南の東シナ海に見えるのがクローズドセル（解説図のC）である。赤外・可視画像ともに明灰色である。このオープンセルとクローズドセルの境界付近には、水蒸気画像（図3.7）で見ると、ジェット気流平行型バウンダリー（解説図の太矢印）が見える。300hPa高層天気図（図3.9）を見ると華中から東シナ海、八丈島の南を通る強風軸にほぼ対応している。なお、この東シナ海の雲域はその南の雲バンドの一部となっている。黄海や日本海西部に見える雲パターンが筋状雲（解説図のS）である。走向は850hPa高層天気図（図3.9）の風向風速とほぼ一致している。一部四国の南海上にも見える。また、日本海に見える筋状雲は雲域の境界（解説図の点線）で示した通り西と東では筋状雲の走向が違う。三陸沖に見えるのがエンハンスト積雲（解説図のE）である。赤外画像で見ると、明灰色でやや発達しているのが見える。以上が寒気場内の現象であるが、この他にも解説図に示した通りいろいろな雲パターンが見える。

　北海道の釧路沖には948hPaの低気圧に対応する雲渦が見える。この雲渦は、赤外、可視画像ともに明灰色であるので、上層渦直下の下層雲渦である。もう一つの北海道西岸の976hPaの低気圧の雲渦は特定できない。日本の南海上には、下層雲主体の雲バンド（解説図の太線で囲んだ部分）が見え、雲バンドの北側および西側には上層雲がかかっている。また、雲バンドの南縁にはロープクラウド（P.92）が見え、西側の一部は雲バンドから離れつつある（解説図の雲列の記号）。また、ロープクラウドの東側には、Cbを含む対流雲列が見える。

図 3.5　寒気場内の現象　2014 年 12 月 17 日 10 時　赤外画像

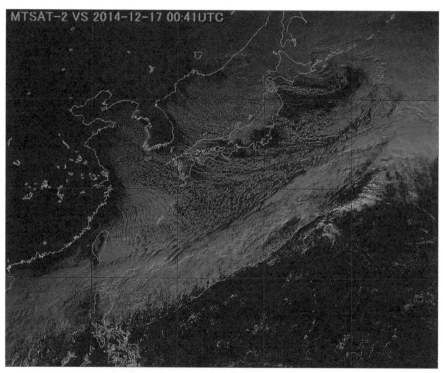

図 3.6　寒気場内の現象　2014 年 12 月 17 日 10 時　可視画像

第 3 章 雲パターンと水蒸気パターン 91

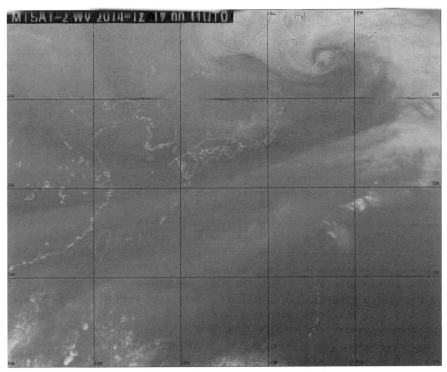

図 3.7 寒気場内の現象 2014 年 12 月 17 日 10 時 水蒸気画像

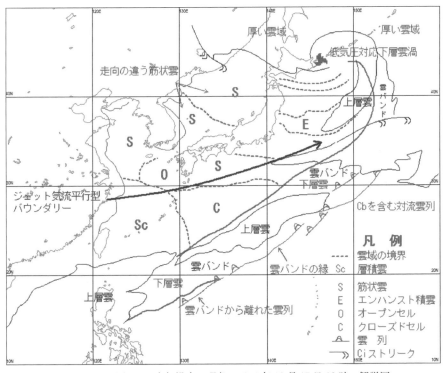

図 3.8 寒気場内の現象 2014 年 12 月 17 日 10 時 解説図

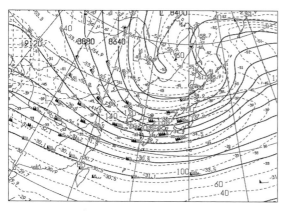
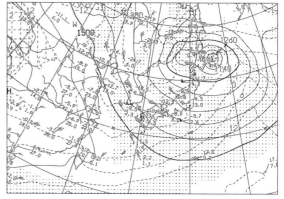
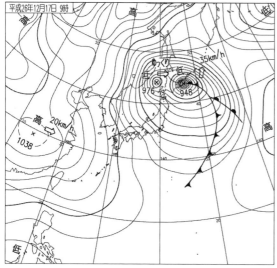

図3.9　寒気場内の現象　2014年12月17日09時
300Pa高層天気図（左上）　850hPa高層天気図（右上）　地上天気図（下）

3-1.1.3　前線に対応した雲域（雲バンド、ロープクラウド、雲列）

(a)　雲バンド

帯状の雲域を雲バンドと呼ぶ。前線に伴う中・下層、上・中・下層などの多層構造の帯状の雲域、および対流性の雲域のことを指す。バンドの幅は緯度1度以上で、幅と長さの比は1：4以上であることが一応の基準となる（「気象衛星画像の解析と利用」気象衛星センター）。

(b)　ロープクラウド

幅10～30km程度の細くて長いCuの雲列を指す。長さは2,000～3,000kmにもおよぶ場合もある。ロープクラウドは、主に海上で前線性雲バンドの暖域側に沿って見られ、この雲列を挟んで風・温度が不連続に変化するため寒冷前線に対応することが多い。前線活動が弱まった時によく見られ、雲列内にCbなどの発達した対流雲は見られない（「気象衛星画像の解析と利用」気象衛星センター）

(c)　雲列

列状に連なる雲のことを指し、対流性の雲から成る。幅は1度未満で、1度以上のものは雲バンド

気象衛星画像は何を見ている？

　気象衛星画像は、お天気番組等では最初に必ず表示され、雲の移動等からおおよその天気の移り変わりや防災上の注意点の解説に利用されているが、実際気象衛星画像は「何を見ている」のであろうか？

　冒頭にも記述したとおり、気象衛星画像は可視画像は太陽光線の雲や地面・海面等からの反射エネルギーを、赤外画像は雲や地面・海面等の射出エネルギーを観測し、それらをアルベドや輝度温度に変換して最終的に黒～白の「色」で表わしている。それらの特徴は以下のとおりである。

・反射率の高い下層の厚い雲域は白く見えるが反射率の低い上層の薄いCiは灰色に見える。
・輝度温度の低い上層雲や上層まで発達した積乱雲は白く見えるが、地面や海面と温度が近い下層雲は灰色に見える。

　ところで、気象衛星画像から得られる情報はこれだけだろうか？
「雲が発生する」には、水蒸気の存在と水蒸気を凝結させるための条件、空気の上昇に伴う冷却や寒気移流・大量の水蒸気の供給による過飽和等が必要で、逆に言えば雲の発生はこれらの気象状況を間接的に観測しているとも言える。

　たとえば前線は、気象衛星画像では雲バンドや雲ラインとして解析できるが、この雲バンドや雲ラインは、風向の異なる風の合流および上昇流により発生および維持するため、雲バンドや雲ラインから水平シアーや上昇流の存在が推定できる。

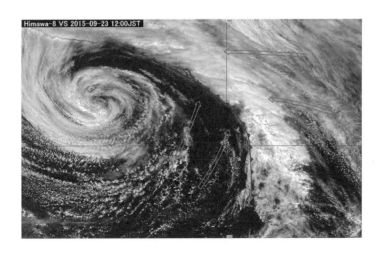

　また雲の動きをトレースすることにより、その雲の高さの風向風速も推定可能である。同じ高さの風向風速を大規模場で確認できれば、時計回りの循環から地上高気圧の推定や台風に伴う上層発散等も視覚的に確認できる。

　雲が時間とともに消滅する場所には下降流の存在が、広範囲に反射率・輝度温度ともに均一の雲が広がっている場合は安定層の存在が、推定できる。

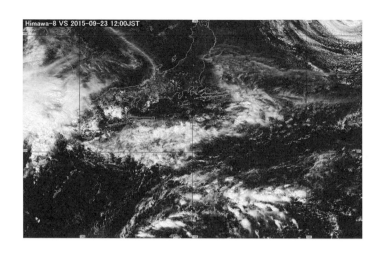

さらに、水蒸気画像からはジェット気流や上層トラフ、寒冷渦、上層や中層の乾燥域や高渦位域の推定も可能で、今後これらの気象要因を伴った大気が進んでくることによる気象現象の予想も可能となる。

気象衛星画像解析とは、現在雲が何処にあるかだけではなく、雲の発生や消散、移動等から現在の気象要因を推定し、数値予報資料の実況による確認を行うとともに、今後に予想のシナリオ作成に利用できるものである。そのためには、各種画像の特徴等を十分に理解しておくことが非常に重要であり、また画像の切り替えや動画機能を活用することが必要で、そのためにはSATAID（P.59）は非常に重要なツールであると考えられる。

である。この雲列において、じゅず状なものはCLライン、Cuのみから成る雲列はCuラインと呼ぶ（「気象衛星画像の解析と利用」気象衛星センター）。

　図3.10～3.13は、2014年3月21日12時の衛星画像と解説図である。日本付近は三陸沖に978hPaの低気圧が、大陸には1030hPaの高気圧があり、冬型の気圧配置（地上天気図略）となっている。沖縄の南海上から日本の東海上にかけて、中・下層雲主体（赤外画像で明灰色、可視画像で白色）の雲バンド（解説図の波線で囲った部分B－B）が伸びている。一部、雲バンドの北側には上層雲（赤外画像で濃白色、可視画像では白色）がかかっている。この雲バンドの南縁にはロープクラウド（赤外画像で灰色、可視画像で白色のライン　解説図3.13のRC）が見える。ロープクラウドの西側と南側には走向が違う雲列（赤外画像で灰色、可視画像で白色　解説図のCL）が見え、ともにCuで構成されている。ここで、雲バンドの一部とロープクラウドは地上低気圧の寒冷前線に対応している。また、ロープクラウドの西側と南側の雲列は、南側の雲列は流線（解説図の細い矢印）で示したとおり、日本の東に中心を持つ高気圧（地上天気図略）の後面流の影響を受けて北上している。ロープクラウドとロープクラウドの西側の雲列は北西からの寒気の移流を受けて南下している。この後、ロープクラウドは雲バンドと分離し、次第に不明瞭となった。

　このように雲列等の動きを見ることにより、近接している互いの雲列がどの系の影響を受けているのかがわかる。

　水蒸気画像からは、ジェット気流平行型バウンダリー（解説図の太矢印）が東シナ海から北海道の東海上に見え、地上低気圧の閉塞点（予報用語：寒冷前線の移動が遅くなり温暖前線に追いついた前線を閉塞前線と呼び、寒冷前線と温暖前線の交点が閉塞点。解説図のO）付近を通っているのが見える。

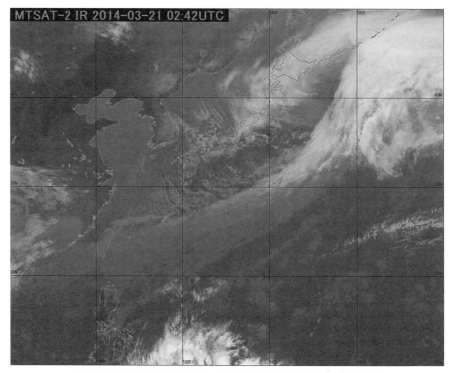

図3.10 前線に対応した雲域 2014年3月21日12時 赤外画像

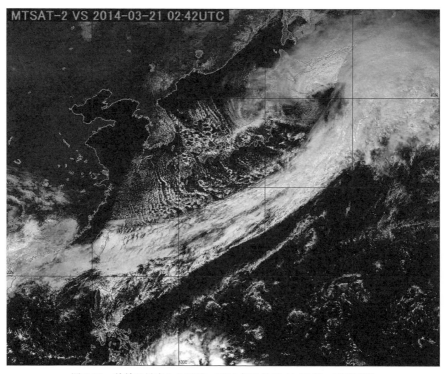

図3.11 前線に対応した雲域 2014年3月21日12時 可視画像

第 3 章　雲パターンと水蒸気パターン　　97

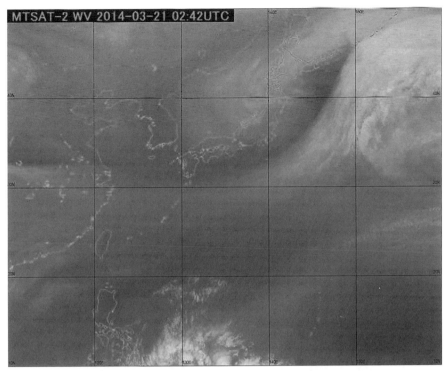

図 3.12　前線に対応した雲域　2014 年 3 月 21 日 12 時　水蒸気画像

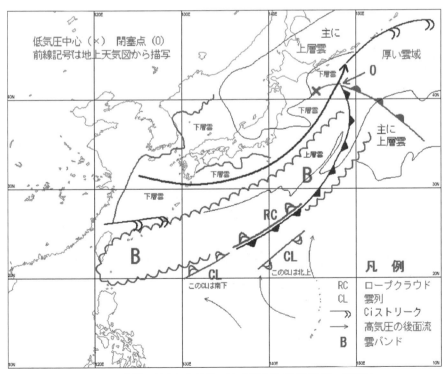

図 3.13　前線に対応した雲域　2014 年 3 月 21 日 12 時　解説図

手をつなぐ台風

　図の衛星写真は 2013 年 10 月 25 日 12 時の可視画像である。台風が 2 つ日本の南海上にある。左側が台風第 1327 号で、台風の形状は中心付近に眼の痕跡らしきものがあるが、赤外画像（略）でみると発達した雲域は台風中心の西側だけで東側にはほとんど発達した雲域はなく、下層雲主体の雲域となっている。中心気圧は 965hPa である。

　右側が台風第 1328 号で、台風の中心には、中心を取り巻くほぼ円形の濃密な雲域があり（CDO）、その中にはしっかりした眼が形成されており、非常に強い台風となっている。中心気圧は 920hPa である。

　この画像をよく見ると 2 つの台風が 1 本のラインであたかもつながっているように見える。この 1 本のラインはお互いの台風に廻りこむ Cu ラインが、たまたま図中の矢印付近で一つにつながって見えただけである。図中矢印の北側のラインは台風第 1327 号へ、南側のラインは台風第 1328 号へと廻りこんでいる。

　この様に衛星画像では、自然が作り出す面白い現象が 1 枚の画として見える時がある。

　この後、台風第 1327 号は、伊豆諸島に接近し、26 日 15 時には、日本の東海上で温帯低気圧となった。また、台風第 1328 号は父島に接近したのち、26 日 21 時に日本の東海上で温帯低気圧となった。温帯低気圧になった時の気圧は 980hPa である。

2013 年 10 月 25 日 12 時　可視画像

3-1.1.4　下層雲渦

(a)　下層雲渦中心（大きさは総観規模（10,000〜数百 km 程度）からメソ α（1,000〜100km 程度）まで：スケールは『雷雨とメソ気象』大野久雄より引用）

　下層雲渦はじょう乱の水平スケールを問わず、低気圧性じょう乱の中心に対応する場合が多く、その発見と追跡は予報上重要である。下層雲渦には長時間追跡できるもの（総観規模のじょう乱中心と対応が良い）と、一つの雲渦の寿命は短いものの発生消滅を繰り返す場合がある。下層雲のみでの雲渦の場合もある。また、中層雲を伴う場合もあるが、水蒸気画像では見えない。

　主な観測場所は、閉塞した低気圧の中心・寒冷低気圧直下の低気圧中心・台風のシアーパターンの台風中心等で、じょう乱対応ではなく単独の下層渦で観測される場合も多々ある。

　図 3.14〜3.15 は、2015 年 1 月 16 日 10 時の可視画像と赤外画像である。三陸沖には発達した低気圧対応の下層雲渦が解析できる。低気圧の中心付近は、下層雲（赤外画像で暗灰色、可視画像で明灰色）のみで厚い雲域は無い。雲渦の特定は可視画像では比較的易しいが、回転（循環）中心を確認するためには必ず動画で確認することが必要である。

図 3.14　低気圧対応下層雲渦　2015 年 1 月 16 日 10 時　可視画像

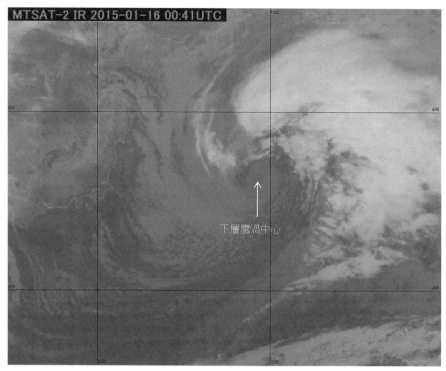

図 3.15　低気圧対応下層雲渦　2015 年 1 月 16 日 10 時　赤外画像

　図 3.16 〜 3.17 は、2014 年 9 月 4 日 12 時の可視画像と赤外画像である。大陸上の中国東北区に低気圧対応の下層雲渦が見える。厚い雲域は見られず下層雲主体（赤外画像で暗灰色、可視画像で白色）の雲渦で、渦自体はやや不明瞭である。動画で見ることにより、渦中心を特定できる場合もあるが、この事例では下層雲全体の動き（曲率）から雲渦の中心を推定できる。赤外画像では可視画像と比較して下層雲が不明瞭なため、下層雲渦の解析が困難な場合も多い。

日比（フィリピン）友好の懸け橋

　図は、2015年1月15日10時の可視画像である。四国沖には1004hPa（9時）の発達中の低気圧があり、この低気圧から伸びる寒冷前線対応のロープクラウド（可視画像で明灰色、赤外画像（略）では暗灰色）が南西に伸びており、このロープクラウドとその先の下層雲域（可視画像で明灰色、赤外画像（略）で暗灰色）の先端のロープクラウドが繋がり、あたかも日本の潮岬とフィリピンのルソン島が道路のように繋がっているように見える。鹿児島と沖縄を結ぶ国道58号よりも約2.5倍も長い約2,100kmもある。面白い画像である。衛星画像ではこのように時々、「おやっ」と思うような画像があるので、1日1回見ることをお勧めする。自分なりの解釈の画像を見つけて欲しい。

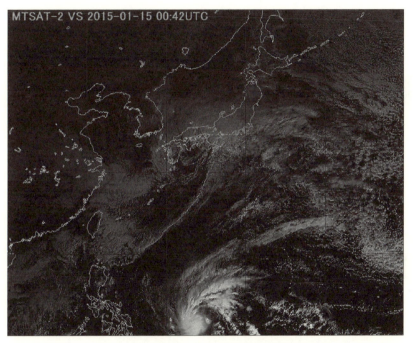

2015年1月15日10時　可視画像

図3.16　大陸上の下層雲渦　2014年9月4日12時　可視画像

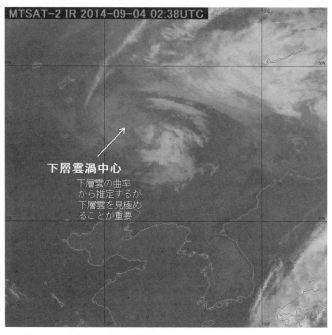

図3.17　大陸上の下層雲渦　2014年9月4日12時　赤外画像

　図3.18～3.19は、2015年3月18日11時の衛星画像である。フィリピンの東海上には、台風第1503号から変わった熱帯低気圧対応の下層雲渦がある。渦の循環は明瞭であるが、渦中心および周辺には厚い雲域は見あたらない（赤外画像で暗灰色、可視画像で明灰色）。その後この下層雲渦は、西進を続け、フィリピンで消滅した。渦の特定は雲域全体の動きとCuラインの曲率から推定できる。

図 3.18　熱帯低気圧対応下層雲渦　2015 年 3 月 18 日 11 時　可視画像

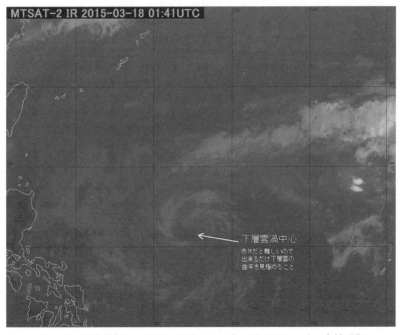

図 3.19　熱帯低気圧対応下層雲渦　2015 年 3 月 18 日 11 時　赤外画像

(b)　メソβスケール（100〜10km 程度）の下層雲渦

　この下層雲渦は、天気図に表現されない時もあるが、ある気象条件の下ではシビアーな現象を発生させる要因ともなりうる。

　主な観測場所は、日本海の帯状対流雲、北海道西岸小低気圧等である。

台風の大きな渦巻きの（バンド状眼）中のメソβスケール下層雲渦

　図の衛星写真は、2011年9月2日13時の可視画像である。四国の南海上には、中心気圧970hPaの大型の台風第1112号の大きな渦巻き（バンド状眼）が見える。その渦巻き（バンド状眼）の中に、一回りも二回りも小さい明灰色のメソβスケール下層雲渦が見える（右の拡大図）。この雲渦は赤外画像（略）では不明瞭であるので、下層雲であるメソβスケール下層雲渦は大きな渦巻き（バンド状眼）の中を南西から東へ移動し16時頃不明瞭となり、寿命は数時間であった。下層雲渦は、台風の発生期や衰弱期には見られるが、このような状況でのメソβスケール下層雲渦は珍しい。

　なお、台風を形成する雲域はバンド状になっており、ところどころ発達した対流雲もある。台風の中心は、中心に向かって渦状に巻き込んでいる雲バンドで形成された眼の中心となり、このメソβスケール下層雲渦ではない。

　その後、この台風第1112号は、3日10時頃高知県東部に上陸し、中国地方を横断した後、5日15時に日本海で温帯低気圧となった。

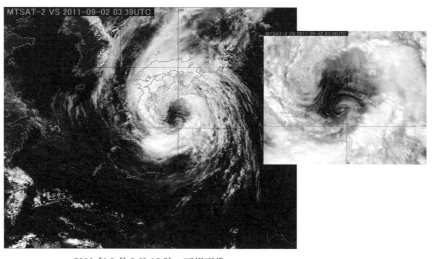

2011年9月2日13時　可視画像

図3.20は、2015年1月30日15時の衛星画像である。日本海西部の元山沖にメソβスケールの下層雲渦が見える。この下層雲渦は、12時頃発生し18時頃不明瞭となり、わずか6時間の寿命で、この15時の画像が渦としては一番明瞭であった。雲域は下層雲主体であるが、下層雲渦の西側部分は一部対流雲も含んでいた（赤外画像で暗灰色だが一部で灰色、可視画像で明灰色）。

 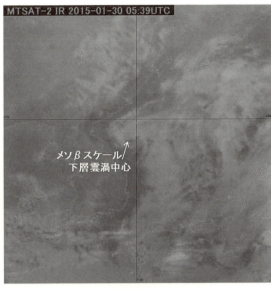

可視画像（左）（階調を調整）　　　　　　　　　　赤外画像（右）

図3.20　メソβスケール下層雲渦　2015年1月30日15時

3-1.2　上層大気の流れに関連して見える現象

3-1.2.1　Ciストリーク

細長く筋状のCiを「Ciストリーク」と呼ぶ。Ciストリークは、雲域の発達の程度を示唆する高気圧性曲率を持つCiの北縁及び上層の総観場の流れを示す。その形から上層トラフやリッジ（予報用語：気圧の尾根。主に高層天気図において用いる）の位置が推定できることも多く、その曲率の変化から上層の流れの場の変化や低気圧の発達に関する情報を知ることができる（「気象衛星画像の解析と利用」気象衛星センター）。

主な観測場所は、強風軸周辺、その他多くの場所で観測される。

地上天気図（図3.26）を見ると、オホーツク海に976hPaの発達した低気圧があり、閉塞前線は低気圧中心から離れている。大陸上には1052hPaの高気圧があり、日本付近は冬型の気圧配置である。

図3.21は、2014年12月12日12時の赤外画像である。日本海西部には朝鮮半島東部沖から山陰沖に白く幅のある雲域の収束雲が見られ、日本付近には上層雲（白色）がかかっている。Ciストリークは数本あり、画像中央のCiストリークAは、中国大陸中部から紀伊半島付近までの直線状の雲

の筋で、赤外画像では白く、可視画像では、薄いベール状で下が透けて見え、南側の下層雲の白さと比べるとぼんやりとして見える。このCiストリークの北側にもやや不明瞭ながらほぼ平行に1本B、朝鮮半島の南端から東北北部まで1本C、また、このCiストリークの南側には、不明瞭ながら東シナ海から九州の南端（屋久島付近）をとおり四国沖に伸びているDが見える。Ciストリークは上層の流れに沿って時間とともに姿・形を変え、その変化は早い。図3.24は、図3.21の6時間後および12時間後の赤外画像である。画像中央のCiストリークAは形を変えながら足早に日本付近を通過しているのがわかる。なお、これらCiストリークに対して、水蒸気画像（図3.23）では明瞭なバウンダリーは見えない。

　図3.26は、300hPa高層天気図である。これを見ると、日本付近には数本の強風軸が解析でき、この強風軸付近にCiストリークが解析できる。

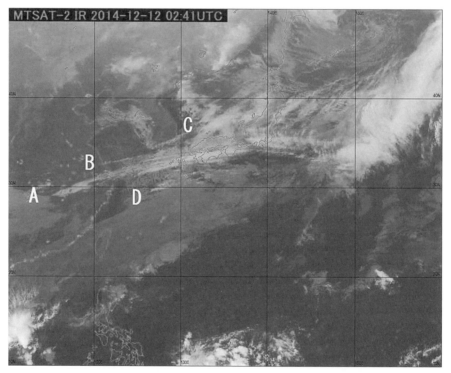

図3.21　Ciストリーク　2014年12月12日12時　赤外画像

第3章 雲パターンと水蒸気パターン　107

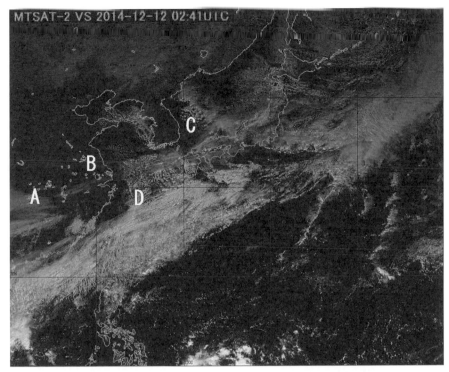

図3.22　Ci ストリーク　2014年12月12日12時　可視画像

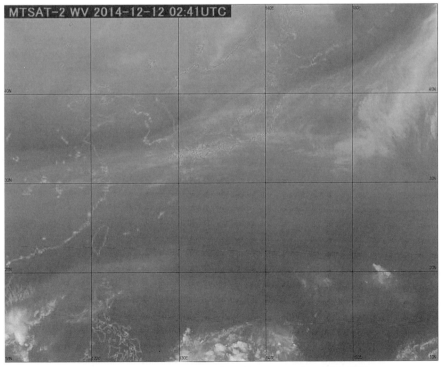

図3.23　Ci ストリーク　2014年12月12日12時　水蒸気画像

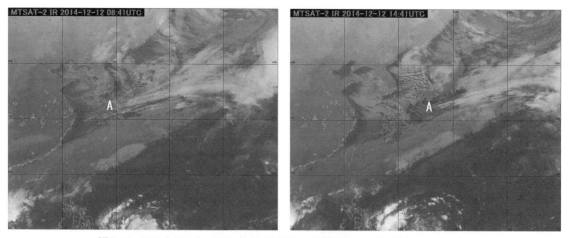

図3.24 Ciストリーク 2014年12月12日 赤外画像 18時（左） 24時（右）

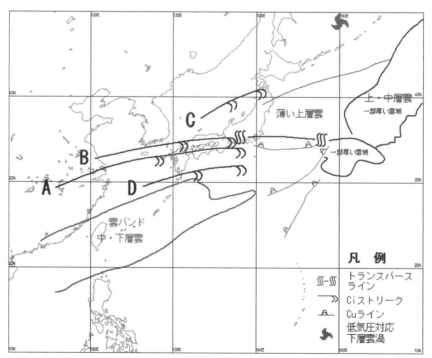

図3.25 Ciストリーク 2014年12月12日12時 解説図

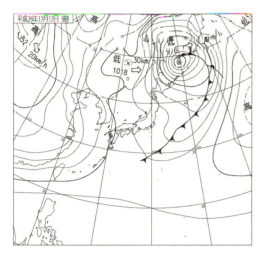 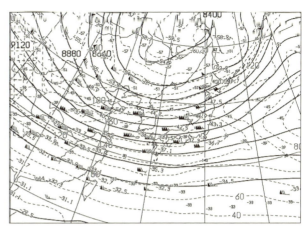

図 3.26　Ci ストリーク　2014 年 12 月 12 日 9 時　地上天気図（左）　300hPa 天気図（右）

3-1.2.2　トランスバースライン

　上層の速い流れの方向にほぼ直角な走向を持つ波状の雲列を持つ Ci ストリークをトランスバースラインと呼び、そのトランスバースラインが広がったものをトランスバースバンド（波状の雲列の幅は緯度にして 3～5 度）と呼ぶ。トランスバースラインは、一般にはジェット気流に沿って発生し、通常 60kt 以上の風速を伴っていることが多い。トランスバースライン（バンド）は狭い間隔で上層雲が発生と消散を繰り返している状態を示しているため、その近傍では、乱気流（予報用語：大気中の乱流。通常、飛行中の航空機の揺れを与えるような気流の乱れをいう）の発生頻度が高いことが知られている。

　この他、発達中の台風から吹き出す上層発散がトランスバースラインとなって解析できる場合もある。（「気象衛星画像の解析と利用　航空気象編」気象衛星センター）。

　主な観測場所は、強風軸周辺、台風周辺である。

　図 3.27～3.30 は、2014 年 9 月 18 日 12 時の衛星画像と解説図である。トランスバースバンドが、華北～黄海、関東地方を通っており、そのバンドの北縁にトランスバーライン（図中の矢印）が見える。もう一つ三陸沖から北海道東海上にも見える（図中の矢印）。赤外画像では白く、可視画像ではベールがかかったように見え下が透けて見える。水蒸気画像では、朝鮮半島の東からトランスバーラインに沿って明瞭なジェット気流平行型バウンダリーが見える。300hPa 高層天気図（図 3.31）では、トランスバースライン付近に強風軸が解析できる（図中の矢印）。

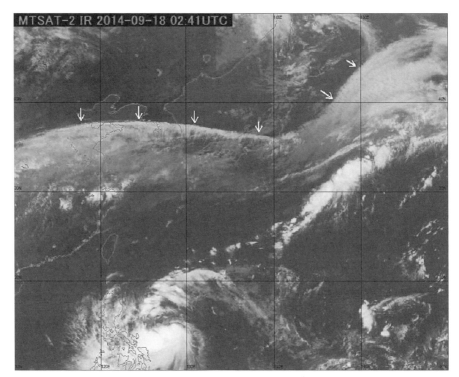

図 3.27　トランスバースライン　2014 年 9 月 18 日 12 時　赤外画像

図 3.28　トランスバースライン　2014 年 9 月 18 日 12 時　可視画像

第 3 章　雲パターンと水蒸気パターン　　111

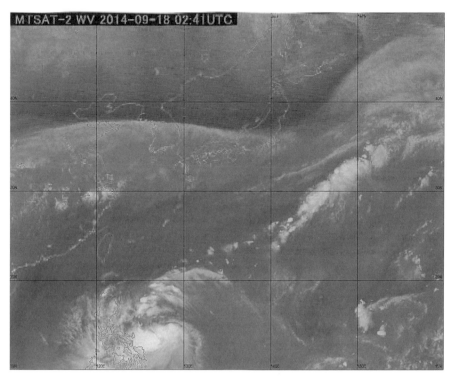

図 3.29　トランスバースライン　2014 年 9 月 18 日 12 時　水蒸気画像

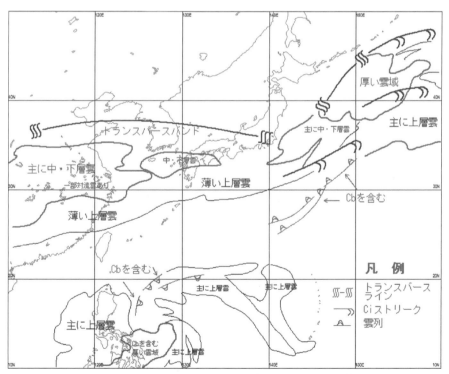

図 3.30　トランスバースライン　2014 年 9 月 18 日 12 時　解説図

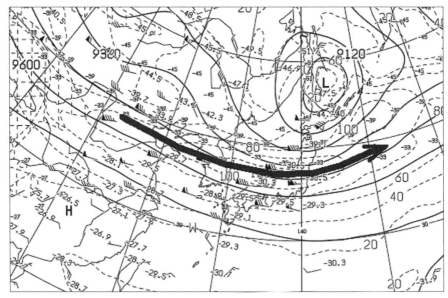

図 3.31　300hPa 高層天気図　太矢印は強風軸　2014 年 9 月 18 日 9 時

3-1.2.3　上層渦

　水蒸気画像では多くの渦を見ることができる。渦はスパイラル状に巻き込んでいる明域と暗域 (P.118) のパターンで特定できるが、動画だとより特定しやすい。水蒸気画像で特定できる渦を<u>上層渦</u>（予報用語：主に上層雲から構成される雲の渦。または水蒸気画像から認識される渦）と呼ぶ。上層渦は上・中層における低気圧や上層トラフを検出するのに有効である。とくに天気図等に予想されていない場合、上層渦が明瞭な場合には注意が必要である。通常可視画像では確認できないが、周辺に発生した積乱雲のかなとこ巻雲の動きから確認できる場合もある。寿命についても、長・短さまざまである。強風軸の北側で観測される上層渦は、上層トラフに対応するものが多い。主に夏季、太平洋上から西進してくる上層渦は、<u>UCL</u>（上層に寒気を伴った低気圧のうち、熱帯域または亜熱帯域で解析される寒気核低圧性循環：Shimamura (1981)) と呼ばれ、とくに監視が必要である（「気象衛星画像の解析と利用」気象衛星センター）。

　主な観測場所は、上層トラフの周辺や熱帯域などで、多くの場所で観測される。

　図 3.32 は、2014 年 5 月 29 日 15 時の水蒸気画像である。これを見ると上層渦が 4 つ見える。大陸上に見える上層渦 A と B は、300・500hPa 高層天気図（図 3.36）での対応は明瞭ではなく、数時間後には不明瞭となる。日本付近に見える上層渦 C はやや不明瞭であるが、300・500hPa 高層天気図（図 3.36）の上層トラフにおおむね対応している。この上層トラフは解説図（図 3.35）に示した通り、バウンダリーの曲率で推定できる。この後、日本の東海上へ抜けるが上層渦としては不明瞭となる。日本の南海上の上層渦 D は、300hPa 高層天気図（図 3.36 左）の北緯 18 度、東経 146 度付近の「L」にほぼ対応し、UCL として解析される。この UCL とともに暗域も西進し、暗域の先端ではバウンダリーが明瞭（解説図 3.35 の実線）である。その後、この UCL はゆっくりと南南西進した。

この4つの上層渦を赤外画像（図3.33）と可視画像（図3.34）で見ると、大陸上の2つの渦の東側の渦Bは、渦のスパイラル状は確認できるが、渦の中心は不明瞭であり、西側の渦Aは確認できない。日本付近の上層渦Cは、渦としては不明瞭であるが、上層渦周辺では大気の状態が不安定となり、発達した対流雲が東海地方から東北地方南部に見られる。日本の南海上の上層渦Dは、不明瞭で周辺に積雲が散在しており、動画で積雲の動きを見ても渦中心の特定は無理である。なお、上層渦の場合、渦中心を精度よく特定することは必要でなく、上層渦の位相を追うことにより上層の流れを把握することができる。

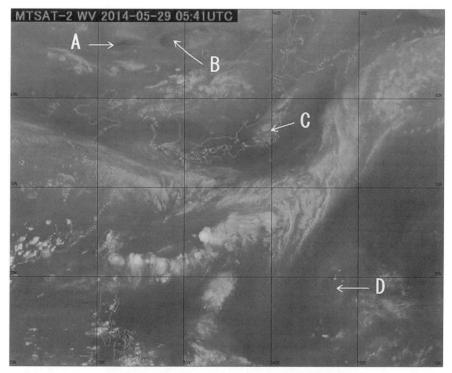

図3.32　上層渦　2014年5月29日15時　水蒸気画像

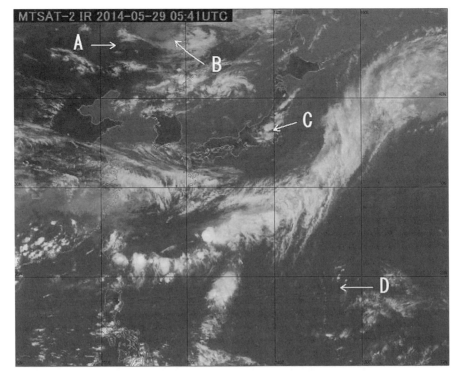

図3.33　上層渦　2014年5月29日15時　赤外画像

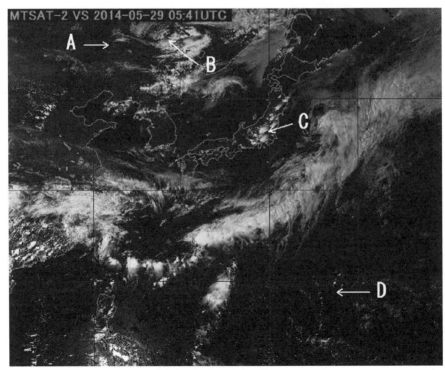

図3.34　上層渦　2014年5月29日15時　可視画像
フィリピン付近にサングリントが見える（解説図の波線で囲った部分）

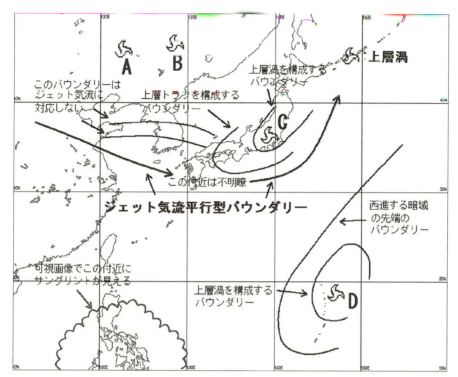

図 3.35　上層渦　2014 年 5 月 29 日 15 時　解説図

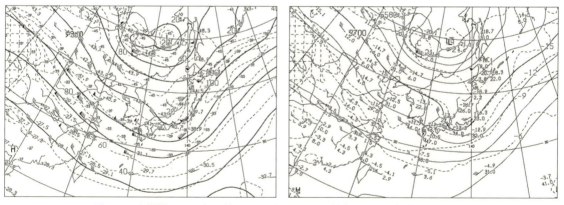

図 3.36　上層渦　2014 年 5 月 29 日 9 時　300hPa（左）500hPa（右）高層天気図

3-1.2.4　上層トラフ

　水蒸気画像のバウンダリーの低気圧性曲率の極大（暗域が南側に凸）の場所に<u>上層トラフ</u>（予報用語：気圧の谷。主に高層天気図において用いる）を観測できる場合が多い。また、上層トラフの盛衰を暗化の度合いから推定できる場合もある。強風軸対応のバウンダリーの特定が難しい場合もある。

　主な観測場所は強風軸周辺である。

　図3.37は、2014年2月26日21時の水蒸気画像である。東シナ海には不明瞭ながらバウンダリーと上層渦が見え、この付近に上層トラフが解析できる。解説図（図3.38）にも示したとおり、暗域の濃淡がやや不明瞭なバウンダリー（図中の点線）数本と上層渦、バウンダリーの曲率の極大付近を繋げて上層トラフが解析できるが、かなり難しい。下に凸の暗域の中に暗域の濃淡を見つけることがポイントである。この上層トラフ前面には、低気圧対応の厚い雲域が解析できる（赤外画像略）。

　図3.39は2014年2月26日21時の300hPa高層天気図、図3.40は2014年2月26日21時の500hPa高層天気図である。300hPa・500hPaともに東シナ海に上層トラフが解析できる（図中の太線）。図からは気圧の谷が、上層になるほど西側に傾いている。この場合は、低気圧が発達する場となる。

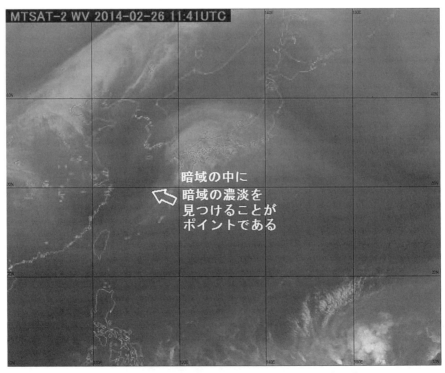

図3.37　上層トラフ　2014年2月26日21時　水蒸気画像

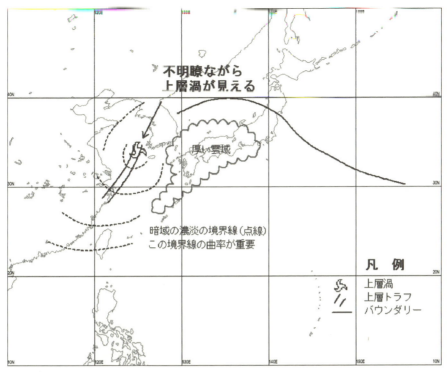

図 3.38　上層トラフ　2014 年 2 月 26 日 21 時　解説図

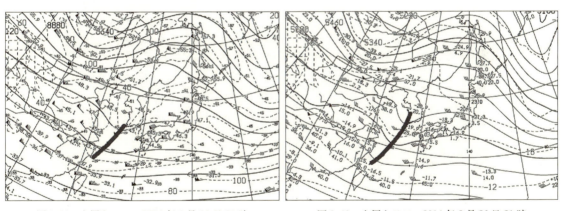

図 3.39　上層トラフ　2014 年 2 月 26 日 21 時
　　　　300hPa 高層天気図

図 3.40　上層トラフ　2014 年 2 月 26 日 21 時
　　　　500hPa 高層天気図

3-1.2.5 バウンダリー

水蒸気画像では、雲が無くても水蒸気をトレーサー（物質の異動や変化を追跡するために目印となる物質）として上・中層の大気の流れを可視化できる。水蒸気画像で現れる明・暗域の境界を「バウンダリー」と呼ぶ。バウンダリーは上・中層における異なる湿りを持つ気塊の境界を示している。空間的に湿りが著しく変化する場所（気団の境界など）ば明・暗域のコントラストが鮮明となり、バウンダリーは明瞭に解析できる。またバウンダリーの一部は、大気の鉛直方向の運動や水平方向の変形運動により形成され、それぞれ特有なパターンを示す。

図3.41は、2014年2月27日3時の水蒸気画像である。画像に暗域と明域を明示したが、暗域・明域は前述したとおり定量的なものではないので、輝度温度で暗域・明域を区別している訳ではない。

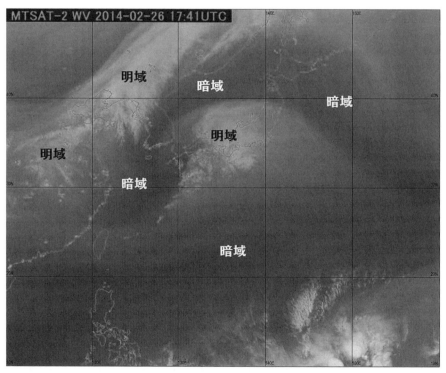

図3.41　暗域・明域　2014年2月27日3時　水蒸気画像

(a) ジェット気流平行型バウンダリー

　水蒸気画像のもっとも有効な利用法の一つにジェット気流の動向の把握がある。一般に上・中層では、ジェット気流を境に極側の気団は赤道側の気団より冷たく乾燥した暗域、赤道側では暖かく湿った（雲域が存在する場合もある）明域を形成することでバウンダリーが現われる。

　ジェット気流平行型バウンダリーは、ジェット気流に伴う雲域（明域）と極側の暗域との境界で形成され、コントラストは明瞭でほぼ直線的な形状を示すことが多い。暗域はジェット気流の極側に帯状に現われることが多い。強風軸はバウンダリーの位置にほぼ一致するが、バウンダリーの西端は形状やコントラストが東端よりやや不明瞭で、強風軸と一致しないことがある。モデル図を図3.42に示す。

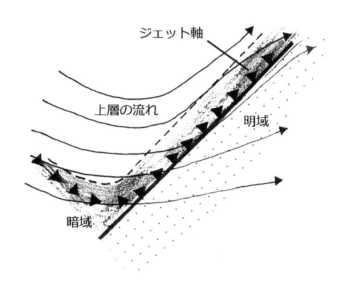

図3.42　モデル図　陰影部が暗域　白い部分が明域　点採域は雲域を含む明域を示す
太線：バウンダリー　細矢印：上層の流線　黒三角：ジェット軸
（「気象衛星画像の解析と利用　航空気象編」気象衛星センター）

　図3.43は、2014年12月17日9時の水蒸気画像である。東シナ海から関東の南海上にはジェット気流平行型バウンダリーが見える（図中の矢印）。このバウンダリーは300hPa高層天気図（図3.47）から、強風軸に対応しているのが確認できる。また、北海道の東には500hPa天気図（図略）の「L」に対応した上層渦が見える。赤外画像（図3.44）、可視画像（図3.45）からは、このバウンダリー（図中白矢印）は確認できないが日本付近は冬型の気圧配置時の典型的な雲パターンを確認でき、また、北海道の東には上層渦直下の下層雲渦が解析できる（図3.46の解説図参照）。

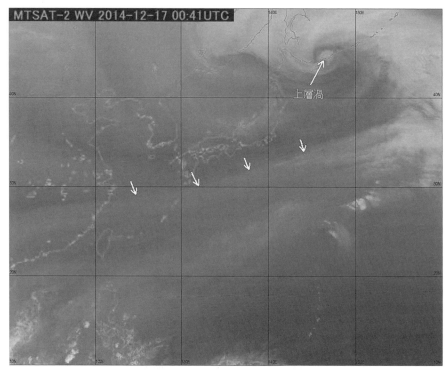

図 3.43　ジェット気流平行型バウンダリー　2014 年 12 月 17 日 10 時　水蒸気画像

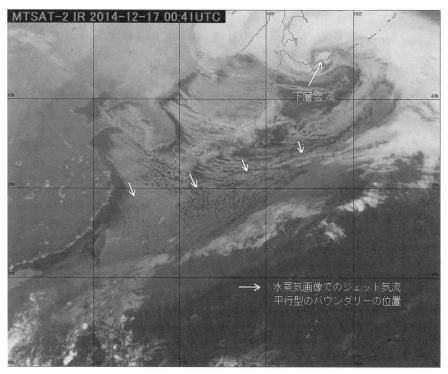

図 3.44　ジェット気流平行型バウンダリー　2014 年 12 月 17 日 10 時　赤外画像

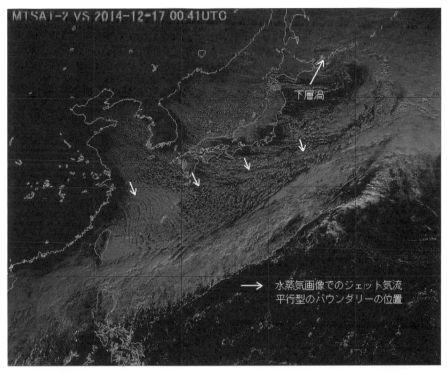

図 3.45　ジェット気流平行型バウンダリー　2014 年 12 月 17 日 10 時　可視画像

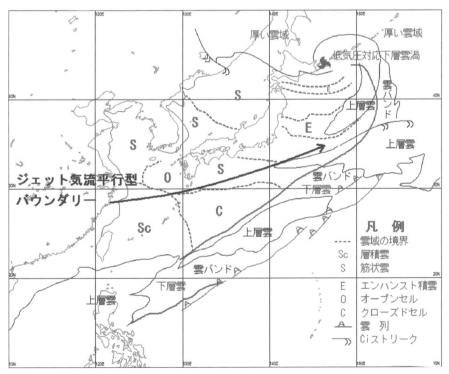

図 3.46　ジェット気流平行型バウンダリー　2014 年 12 月 17 日 10 時　解説図

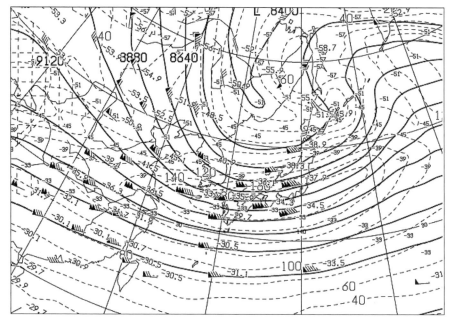

図3.47　ジェット気流平行型バウンダリー　2014年12月17日9時　300hPa高層天気図

(b)　サージを示すバウンダリー

水蒸気画像で、暗域が流れに沿って上流から一気に押し寄せてくるように見えることをサージと呼ぶ。この暗域と進行前面の明域とで形成されるバウンダリーをサージバウンダリーと呼ぶ。

サージバウンダリーには、暗域が東側に向かって凸状に広がる「ドライサージバウンダリー」と暗域が赤道側に向かって凸状に広がる「ベースサージバウンダリー」とがある。

サージバウンダリーは、上層に乾燥した気塊を伴うことにより対流活動を助長したり乱気流を伴ったりするため、水蒸気画像解析では重要な概念の一つである（「気象衛星画像の解析と利用　航空気象編」気象衛星センター）。

（ア）　ドライサージバウンダリー

ドライサージバウンダリーは、下降流の発達による急速な暗化により形成される。下降流を発達させる要因としては、上・中層の寒気移流、発達した低気圧後面での沈降などがある。こうした下降流に伴う暗域は、前面の低気圧システムに伴う雲域との間に明瞭な境界を形成する。このバウンダリーは下流に向かって凸状となり、速い速度で動くバウンダリーの移動に伴い上層の乾燥気塊が流入し対流不安定が強化されるため、下層に暖湿な気塊が存在するときは、このバウンダリー付近では対流雲が発達する場合がある。モデル図を図3.48に示す（「気象衛星画像の解析と利用　航空気象編」気象衛星センター）。

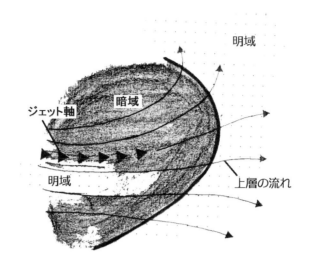

図 3.48　モデル図
陰影部が暗域　白い部分が明域　点採域は雲域を含む明域を示す
太線：バウンダリー　細矢印：上層の流線　黒三角：ジェット軸
(「気象衛星画像の解析と利用　航空気象編」気象衛星センター)

　図 3.49 は、2014 年 4 月 15 日 15 時の水蒸気画像である。大陸上から南東進する暗域の先端が日本海中部から北部に達しドライサージバウンダリー（図中の矢印）を形成している。ドライサージバウンダリーに伴う暗域の上流から下流への移動は動画で明瞭に確認できる（解説図 3.52 を参照）。このバウンダリーが接近した日本海中部から北部では、対流雲が発生し発達している（高層天気図等は略）。赤外画像（図 3.50）・可視画像（図 3.51）ではドライサージバウンダリーの確認はできないが、日本海中部から北部の対流雲（赤外・可視画像ともに明灰色でゴツゴツ感あり）の発生、発達が確認できる。

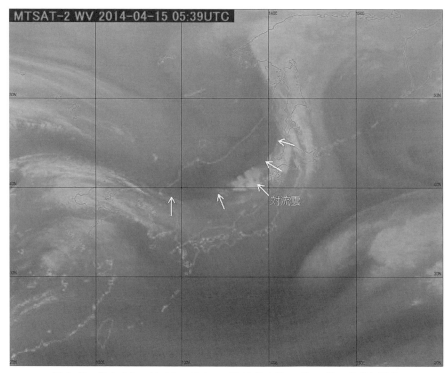

図3.49　ドライサージバウンダリー　2014年4月15日15時　水蒸気画像

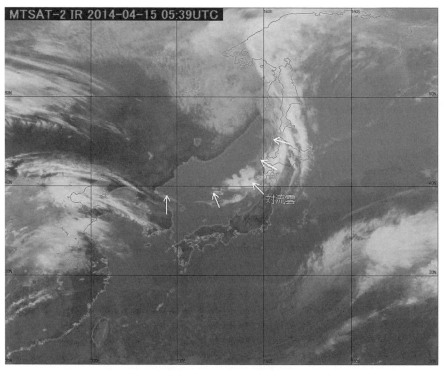

図3.50　ドライサージバウンダリー　2014年4月15日15時　赤外画像
白矢印は水蒸気画像でのドライサージバウンダリーの位置

第 3 章 雲パターンと水蒸気パターン　　125

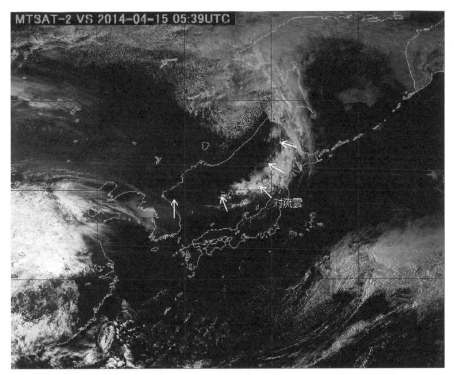

図 3.51　ドライサージバウンダリー　2014 年 4 月 15 日 15 時　可視画像
白矢印は水蒸気画像でのドライサージバウンダリーの位置

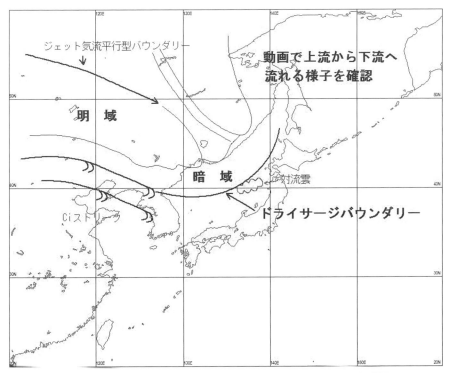

図 3.52　ドライサージバウンダリー　2014 年 4 月 15 日 15 時　解説図

（イ）ベースサージバウンダリー

　ベースサージバウンダリーは、上層リッジ（予報用語：気圧の尾根。主に高層天気図において用いる）の強まりによりリッジ東側で北風成分が増大し、乾燥気塊が南下して赤道側の湿潤気塊との間に形成される。発生初期のバウンダリーは幅の狭い帯状の形態を示すが、上層リッジの強化に対応して、乾燥域（暗域）が南下するため図3.53のモデル図のように南に進むほど拡大する。ベースサージバウンダリーは、熱帯収束帯（予報用語：南北両半球からの貿易風が合流する帯状の境界）付近まで南下した場合は、熱帯収束帯を活発化させるため、熱帯域では対流システムの発生・発達の要因として監視は重要である。モデル図を図3.53に示す（「気象衛星画像の解析と利用　航空気象編」気象衛星センター）。

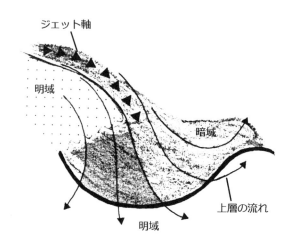

図3.53　モデル図
陰影部が暗域　白い部分が明域　点採域は雲域を含む明域を示す
太線：バウンダリー　細矢印：上層の流線　黒三角：ジェット軸
（「気象衛星画像の解析と利用　航空気象編」気象衛星センター）

　図3.54は、2014年7月20日9時の水蒸気画像である。300hPa高層天気図（図略）の東経130度付近で発達したリッジから南下する乾燥気塊（暗域）が、その南にある湿潤気塊（明域）との間にベースサージバウンダリー（図中の矢印）を形成している。この時、上流から下流へと動いている明域とその先の暗域の動きを動画で確認することが重要である。赤外画像（図3.55）、可視画像（図3.56）からはベースサージバウンダリー（図中の矢印）は確認できないが、九州の南東海上の対流雲は、このバウンダリーの暗域が影響しているものと考えられる。なお地上天気図（略）にも明瞭なじょう乱は確認できない。

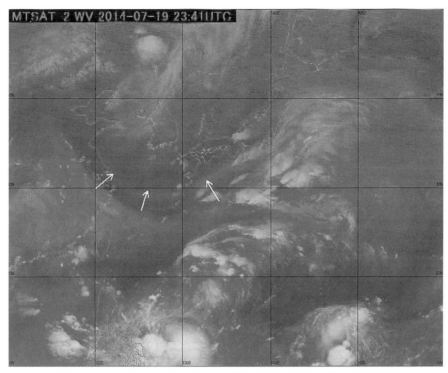

図 3.54　ベースサージバウンダリー　2014 年 7 月 20 日 09 時　水蒸気画像

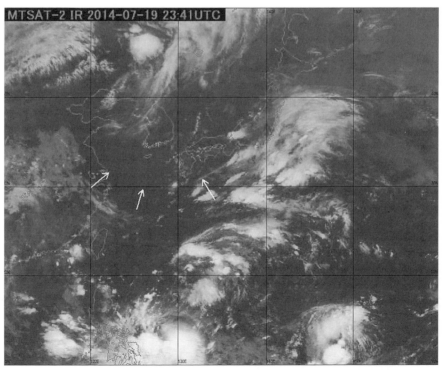

図 3.55　ベースサージバウンダリー　2014 年 7 月 20 日 09 時　赤外画像
白矢印は水蒸気画像でのベースサージバウンダリーの位置

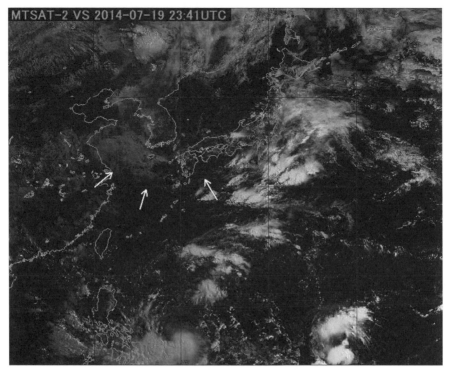

図3.56　ベースサージバウンダリー　2014年7月20日09時　可視画像
白矢印は水蒸気画像でのベースサージバウンダリーの位置

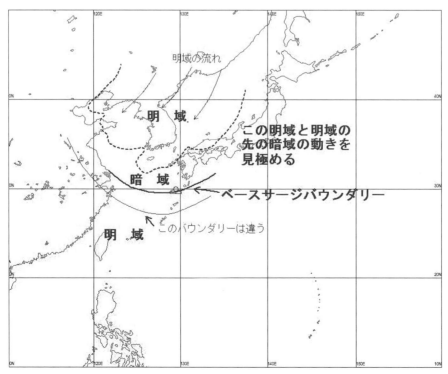

図3.57　ベースサージバウンダリー　2014年7月20日09時　解説図

3-2 季節等により日常見られる現象

3-2.1 霧域

　霧域（層雲）は、可視画像では白くなめらかな雲域として解析できる。また雲頂高度が低いため、海岸や平野・谷にある場合は、雲域の縁が地形（等高度線）に沿った形で観測されることが多い。なお雲頂高度が低いため厚い上層雲や中層雲に覆われている場合は識別が困難であるが、薄い上層雲の場合は、識別できることが多い。また赤外画像では周辺の地面や海面との輝度温度差が小さいため雲域の境界は明瞭に解析できない。

3-2.1.1 内陸の霧

　陸上の霧の場合、霧の発生は交通機関に多大な影響を与えるため、霧の発生が予想される数時間前には<u>濃霧注意報</u>（予報用語：濃霧「視程が陸上でおよそ100m、海上で500m以下の霧」に関する注意報。濃霧注意報の基準は地方によって多少異なる）が発表される。

　ただし、霧の観測は気象台の職員の目視観測や特別地域気象観測所や高速道路等に設置している視程計、海上の船舶の通報等が主な観測データであり、実際に霧がどの範囲に発生しているのかを判断するのは難しい。これを補足するため、衛星画像で広範囲の霧の発生状況を把握する。

　図3.58は、2014年11月13日8時の可視画像（左）と解説図（右）である。可視画像（強調画像）では、晴れた関東平野の埼玉・栃木・茨城・千葉各県の一部に霧域（図中の矢印付近）が広がっているのが見える。霧域は北側の寒気移流に伴う雲域より反射輝度は低く、もやっとした塊（解説図でストライプで囲った領域）に見えるが、赤外画像（図3.59左）では確認できない。1時間後の9時には霧域（図中の矢印付近）も縮小し（図3.59右）、10時には消滅している（図略）。この霧は放射冷却により発生したため、日中の昇温により消滅した。

　霧域の判別には、必ず可視画像と赤外画像を見比べることが必要である。

　またひまわり6号からは3.9μm画像を利用した赤外差分2画像でも霧を解析することが可能となっている。

蒸気霧

図は 2005 年 11 月 2 日 06 時頃の西舞鶴港埠頭の霧の風景である。

暖かい水面の上に冷たい空気が流れ込んでくると、水面から蒸発した水蒸気が冷やされて湯気のような霧が発生する。秋から冬かけて、舞鶴湾では写真のように「蒸気霧」が発生し、次第に濃くなる様子が見られる。

2005 年 11 月 2 日 06 時頃の西舞鶴港埠頭　霧の風景　（伊東譲司撮影）

霧の雲海

図は 2005 年 11 月 1 日 07 時頃に舞鶴市五老ヶ岳で撮影した霧の雲海である。

低気圧が通過し雨が降ったあと移動性高気圧に覆われた 11 月 1 日早朝、放射冷却現象により空気中の水蒸気が水滴となって霧が発生した。舞鶴湾では蒸気霧も発生することから、五老ヶ岳（標高 300 メートル）の頂で写真のような霧の雲海が見られた。

ここは舞鶴湾付近の島や山により、雲海を眺める絶好のポイントとなっている。

2005 年 11 月 1 日 07 時頃の五老ヶ岳　霧の雲海（伊東譲司撮影）

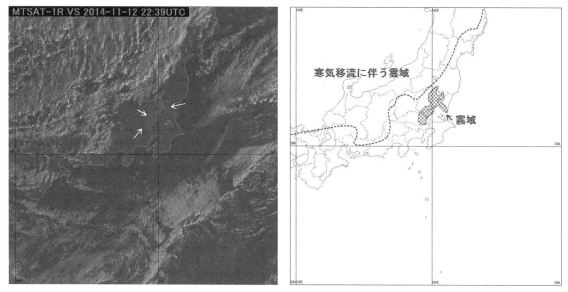

図3.58 霧域 2014年11月13日8時 可視画像（左） 解説図（右）

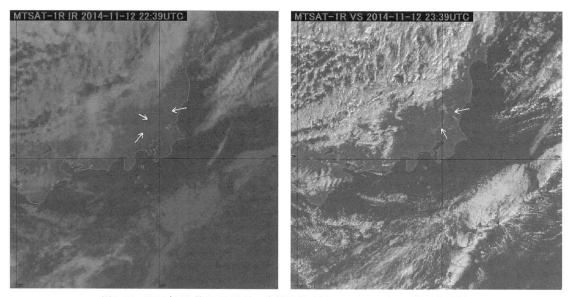

図3.59 2014年11月13日08時 赤外画像（左） 13日09時 可視画像（右）

3-2.1.2 海上の霧

海上の場合も、霧の発生は船舶の安全運航に支障をきたすため、海上濃霧警報（予報用語：海上の視程が概ね500m（瀬戸内海では1km）以下の状態にすでになっているか、または24時間以内にその状態になると予想される場合に発表する警報。FOG WARNING）を発表する。地上天気図でも霧域については、対象海域又は波線で囲んだ対象領域として「FOG [W]」を発表している。（海上警報の詳細については次のアドレスを参照：http://www.jma.go.jp/jp/seawarn/）

図3.61～3.62は、2014年3月27日9時の可視画像と解説図である。可視画像で見ると霧域が、ボッ海・黄海・東シナ海・日本海・オホーツク海と三陸沖から北海道の東海上にある。一部層雲（赤外画像（図3.63）で若干の濃淡がある）も見える。以下この雲域を霧域と記述する。

どの霧域も白色（西側や北側の霧域は朝のためやや暗い）で表面が一様に滑らかで雲域の縁ははっきりしている。一部上層雲がかかっている霧域は、上層雲の部分だけ盛り上がっているように見える。また、オホーツク海の霧域は、流氷域と重なって見える。この霧域は、地上天気図（図3.60）でも、ボッ海からオホーツク海の海域にはFOG [W] の記号で、また三陸沖から北海道の東海上の霧域は、海域を波線で囲んでFOG [W] の記号を付加している。

この事例で、たとえば日本海全域に発表されている海上霧警報（FOG [W]）は、衛星画像ではところどころに隙間があり、また時間の経過とともに霧域も移動している（図3.66）。このように衛星画像を解析することにより、同じ海上警報域内でも霧域の正確な分布が把握できる場合がある。また、霧域は安定層の下で発生するため、それぞれの雲域の動きを動画で見ると、高気圧の中心位置（発散域）が推定できることもある。

次に日本付近の霧域を、2014年3月27日9時の可視画像（図3.64）で解説する。三陸沖から内浦湾、北海道東海上の霧域をA、日本海中部の霧域をB、日本海北部の霧域をC、そしてオホーツク海

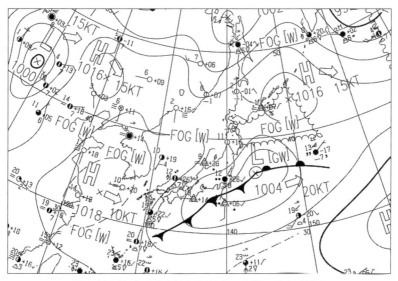

図3.60　霧域　2014年3月27日　09時　地上天気図

図3.61 霧域 2014年3月27日 09時 可視画像

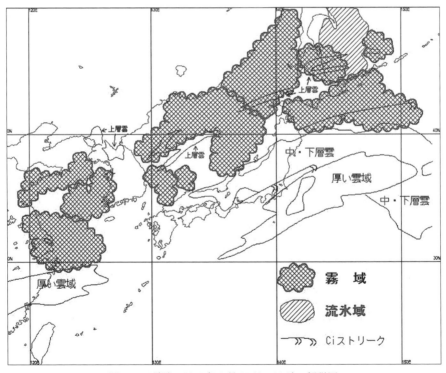

図3.62 霧域 2014年3月27日 09時 解説図

霧に棹さす隠岐の島

　図は 2006 年 6 月 28 日 09 時の可視画像と地上観測である。日本海で白く見えている霧域の中、同時刻の隠岐の島にある西郷測候所（2008 年廃止）の観測では、西の風 5.0m/s、天気晴れ、視程 6 km、地上気温 24.8℃、海面気圧 1007.8hPa、雲量 5 割、下層に積雲ありとなっている。

　衛星画像をよく見ると、西から東に流れる海霧の流れにあたかも竿をさすように、隠岐の島があり、流れが両翼に広がって島の後面にぽっかり穴ができている。両翼にのびる所では霧は対流により積雲となっているため、島の南に位置する西郷測候所では上記の観測結果となっている。

　これは島の中央に標高 608 メートルの大満寺山があるため霧の流れが分流したために起きた現象である。

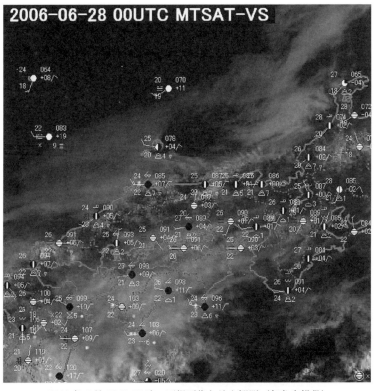

2006 年 6 月 28 日 09 時の可視画像と地上観測（気象庁提供）

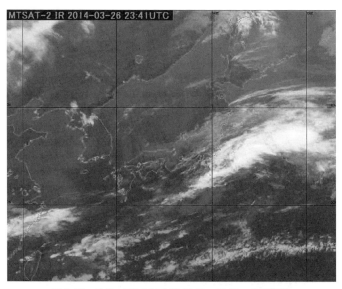
図 3.63　霧域　2014 年 3 月 27 日　09 時　赤外画像

の霧域を D として、それぞれの動きや特徴を述べる（霧域の分布等は図 3.62 の解説図を、霧域の移動は図 3.66 を参照）。

なお、東北南部から北海道にかけて暗灰色の部分がところどころに見えるが、これは主に山々の残雪である。

霧域 A であるが、霧域の特徴である、表面が滑らかで雲縁が明瞭であるが、霧域の南半分は直線状の上層雲（Ci ストリーク）がかかっているため、直線状にごつごつしている。一部根釧台地と勇払平野から石狩平野及び十勝平野の沿岸部にも霧域がある。この霧域は、北側部分は北方向に、南側部分は西から南西方向に動いている。

次に霧域 B であるが、沿海州の沖合には、ごつごつした塊があり対流雲と見間違うおそれがあるが、赤外画像（略）を見ると上層雲がある。霧域の大陸側は沿海州の海岸線に沿っている。この霧域の移動は南東から南方向に動いている。

日本海北部にある霧域 C は、霧域 B と繋がっているように見えるが、霧域 B のゴツゴツした塊の北側付近で分かれている（動画で見ると各霧域の動きが違う）。霧域 C の大陸側も沿海州の地形に沿っている。間宮海峡付近は、上層雲がかかっているためごつごつした塊が見える。動きは全体的に北から北東方向に動いている。ここで特記すべきは利尻島、礼文島の北東側の霧の無い部分である。礼文島の礼文岳は標高 490m である。霧域の雲頂高度はこれより低く、島の風下で消散し晴天域が形成されている（図 3.65 に拡大）。利尻島の利尻山は 1,721m である。

オホーツク海の霧域 D は、流氷域が広がり（図 3.64 中の破線域）上層雲がかかっているため、1 枚の画像では霧域の特定は難しいが、動画を行うことにより、宗谷海峡付近（記号 D）と流氷域の東側（記号 D）の霧域は特定できる。霧域の動きは、おおむね北または北東方向に動いている。

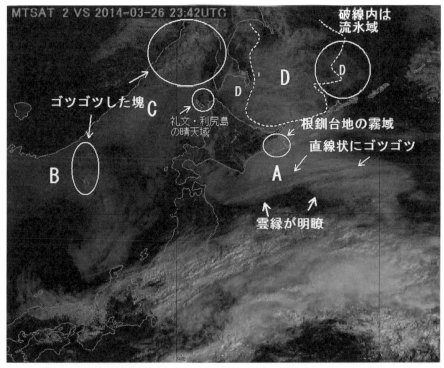

図 3.64　霧域　2014 年 3 月 27 日　09 時　可視画像にコメントを挿入

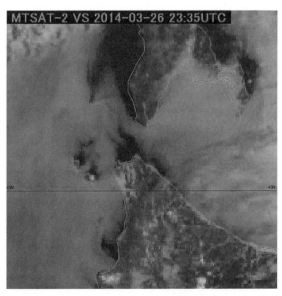

図 3.65　霧域　2014 年 3 月 27 日　09 時　可視画像　礼文島、利尻島付近拡大

図3.66は、6時間後の15時の可視画像である。実線は9時のそれぞれの霧域で、破線は6時間後の霧域である。

霧域Aは、南側部分は宮城県気仙沼付近まで南下し、北海道の十勝平野および勇払平野から石狩平野では、お昼にかけ一旦は消滅したが、再び海上から侵入している様子が見える。根釧台地の霧域は東へと移動している。北方四島付近では島の間からオホーツク海への侵入が見える。

霧域Bは、一部南側の霧域が鳥取県から京都府の日本海側まで南下している。また、南東側に進んだ霧域は新潟県の沿岸まで達している。

霧域Cは全体的に縮小傾向で北海道西岸域は消滅している。

オホーツク海の霧域Dは、宗谷海峡付近の霧域は縮小し、流氷の東側の霧域は消滅している。流氷付近の霧域の判別は難しい。

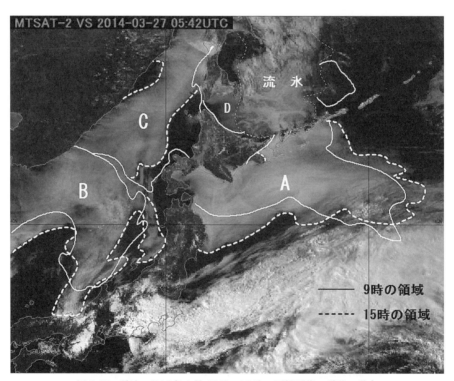

図3.66　霧域　2014年3月27日　15時　可視画像　霧域の動向

清風丸が観測した日本海の霧

　清風丸は、かつて舞鶴海洋気象台（2013年廃止）に所属した気象庁の気象観測船である。日本海を定期的に観測航海し、SHIP報や高層観測を報じている。2006年6月は「梅雨ハンター」と銘打った梅雨前線の特別観測のため北緯37.2度、東経133.4度を定点とし、1日4回の地上観測、高層観測を実施した。

　図1は2006年6月27日09時の衛星可視画像と地上観測である。日本海の霧域は白く見えている。（3-2.1.2 P.133参照）同時刻の清風丸（コールサインJIVB）のSHIP報は、霧（視程0.5km）、地上気温19.7℃、海面気圧1004.3hPaを観測し、高層観測では図2エマグラムのとおり945hPaの沈降逆転層を境に上層の安定層は乾燥しており、この高さを上限とする霧が存在していることがわかる。

　これらの情報と図3衛星赤外画像の雲頂輝度温度断面図を比べると霧の上限は輝度温度14.4℃、945hPa（地上から340m）程度であった。このため現在天気43：「上層が透けている霧」が観測された。

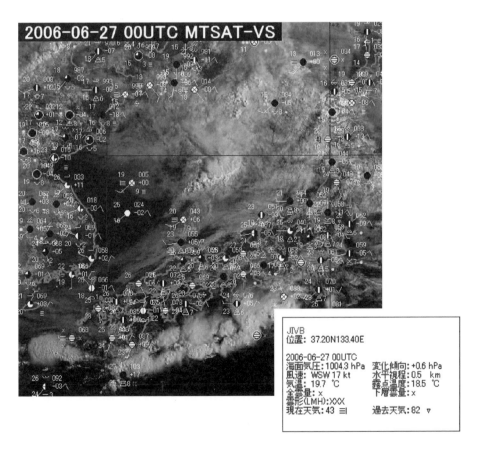

図1　2006年6月27日09時の可視画像と地上観測

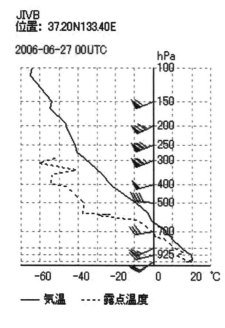

図2　2006年6月27日09時
エマグラム

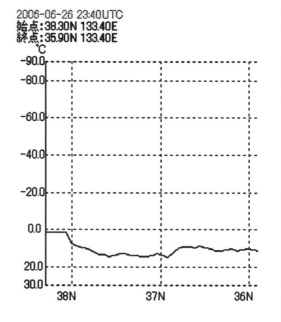

図3　2006年6月27日09時
赤外画像の雲頂輝度温度断面図

3-2.2 積雪の分布域

冬季冬型の気圧配置により、西日本から北日本の日本海側で、また日本の太平洋側を発達しながら進む南岸低気圧により太平洋側で大雪となることがある。

この積雪の状況は、気象台等で観測を行っているが、広範な地域の積雪の状況は可視画像でも解析できる。なお赤外画像では、積雪域と周囲の地面との温度差が小さいため、識別が難しいが、可視画像との対比は重要である。積雪域は雲域より反射強度が大きく、可視画像では白色から明灰色に見える。また積雪域は雲域と違って移動しないため、雲がなければ識別は容易である。

図 3.67 左は、2014 年 2 月 26 日 12 時の可視画像で、東日本から北日本の積雪域の例である。東日本の日本海側および岐阜・長野県のほぼ山脈に沿って明灰色に、一部白色に見える。北海道の積雪域は、石狩・十勝・道東地方及び山脈に沿って明灰色に見える。なお、オホーツク海に見える明灰色域は海氷である。なお、赤外画像（図 3.67 右）で見ると、東日本の日本海側には薄い下層雲（灰色）がかかっているが、積雪は認識できない。

図 3.69 は、関東地方の 2014 年 2 月 7 日 13 時の可視画像である。関東地方は雲もなく晴天域となっている。翌日 8 日、関東地方の南岸を発達した低気圧が通過し関東地方は大雪となり、最深積雪は前橋市で 32cm、東京都千代田区で 27cm となった。

図 3.68 は翌日の 9 日 14 時の可視画像（左）と解説図（右）である。関東地方の 1 都 6 県の積雪域が見えるが、輪郭が不鮮明な灰色域（解説図中の斜線域）である。なお、神奈川県・千葉県・茨城県の一部には下層雲がかかっており、積雪の状態は不明である。衛星画像では積雪深計等、積雪を観測する観測所が少ない関東地方でも、大まかな積雪地域が把握できる。ただし、可視画像を利用するため、雲のある場所や夜間は解析することができない。

なお、各地の積雪の状態は、気象庁 HP で確認することができる。過去の気象データ検索は次のアドレスでできる。http://www.data.jma.go.jp/obd/stats/etrn/index.php

 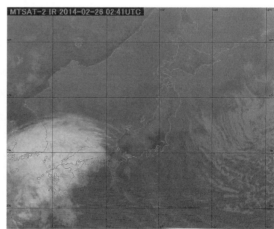

図 3.67　積雪　2014 年 2 月 26 日 12 時　可視画像（左）　赤外画像（右）

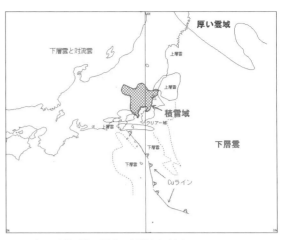

図 3.68　積雪　関東地方　2014 年 2 月 9 日 14 時　可視画像（左）　解説図（右）

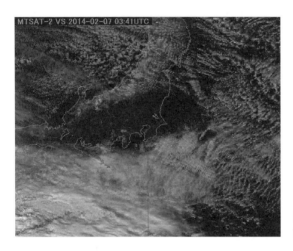

図 3.69　積雪　関東地方　2014 年 2 月 7 日 13 時
可視画像

3-2.3　海氷域の分布

　海氷は、日本付近では冬季にオホーツク海や間宮海峡に見られ、時には日本海や太平洋へ流出することがあり、海氷の監視は船舶の安全航行に欠かせない情報である。気象庁では気象庁ホームページ（http://www.jma-net.go.jp/sapporo/kaiyou/seaice/info/info.html）等で北海道地方海氷情報等を毎週火曜日と金曜日に発表している。北海道地方海氷情報は、陸上自衛隊、気象衛星（極軌道衛星も）による観測結果を基に海氷分布図を作成し、海氷の概況および今後 1 週間の予報を掲載している。このため、この情報を有効に活用するためにも、衛星画像での海氷の見方が必要である。

　海氷の解析には可視画像（図 3.70 左）を使用する。赤外画像（図 3.70 右）では、周囲の海面水温との温度差が小さいため海面との識別が困難である。ただし、赤外画像との対比は必要である。海氷の反射強度は雲と同程度で可視画像では、明灰色から灰色に見えるが、太陽高度角が小さいオホーツク海北部では灰色に見える。海氷は下層雲と見誤ることがあるが、移動速度が違うため（海氷は海流

により非常にゆっくり移動する）動画により識別できる。以下に海氷の実例を示す。

　図3.70左は、2014年2月23日12時の可視画像である。オホーツク海南部の海氷は、紋別市から知床半島にかけて広い範囲で接岸している。一部は根室海峡に流入し、色丹島に接岸している。この画像では、下層雲（赤外画像で確認（図3.70右））が重なってやや見えにくくなっているが、前後の画像から、動きがない海氷が見える。

　図3.71は、翌日の24日12時の可視画像（左）と解説図（右）である。紋別市から知床半島の海氷はあまり変化がないが、色丹島付近を見ると色丹島の南約30km付近に南下した海氷が見られる。この日も上層雲が一部かかっているが、色丹島付近は雲もなく海氷が南下している様子がわかる。この様に衛星画像を解析することにより、海氷情報の補足をすることができる。ただし、この付近の可視画像の解像度は約1.5kmのため、詳細な動きではなく海氷の大まかな動向を把握することである。また、厚い雲が覆ったりしたり、夜間は解析することができない。

 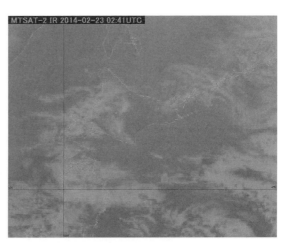

図3.70　海氷　2014年2月23日12時　可視画像（左）　赤外画像（右）

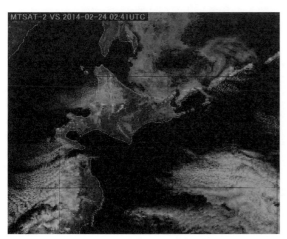 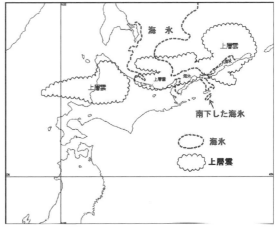

図3.71　海氷　2014年2月24日12時　可視画像（左）　解説図（右）

3-2.4 森林火災の煙

森林火災の煙は、大規模なものであれば、雲が無いときは可視画像で煙が見える。煙の濃度にもよるが白から明灰色の薄いベール状をしており、陸上や海上が透けて見えるので雲と識別することができる。

煙の解析には可視画像を使用する。赤外画像でも、煙の濃度が濃い場合は確認できる場合がある。また可視画像では薄いベール状で下層が透けて見えるため、薄い上層雲と識別するために赤外画像との対比は必要である。

2014年7月下旬、ロシア連邦東シベリア・クラスノヤルスク地方で大規模な森林火災が発生し、その煙が数日をかけて南東進し、7月25日、北海道地方で観測された。この煙を可視画像で解析する。

図3.72は、7月24日9時の可視画像（階調を強調）である。東経120度から130度、北緯45度から50度の大陸上に明灰色のベール状をした塊（図中の矢印）が見える。これが7月下旬頃に、ロシア連邦東シベリア・クラスノヤルスク地方で発生した大規模な森林火災の煙である。この煙の前面にある雲域は低気圧に伴うもので厚い雲域で構成されている。また、この煙の南にある雲域は上層雲である。この煙は東進を続け、25日朝には北海道に達し、北海道の各気象官署では煙霧（予報用語：乾いた微粒子により視程が10km未満となっている状態）を観測している。

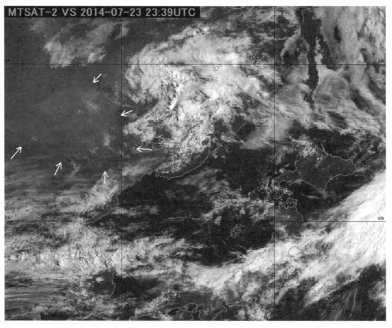

図3.72　煙　2014年7月24日09時　可視画像

図3.73は、25日9時の可視画像（階調を強調 左）と解説図（右）である。煙は日本海北部から北海道には薄いベール状の塊（左右図中の点線）で見える。上川地方に見える白いものは下層雲である（解説図中の斜線域）。この後、煙は順調に東進し、北海道を通過した。なお可視画像を利用するため、厚い雲が覆ったりしたり、夜間は解析することができない。

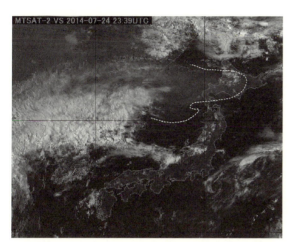 

図3.73 煙 2014年7月25日09時 可視画像（左） 解説図（右）

3-3 地形等の影響を受けて見える現象

3-3.1 地形性 Ci

山脈の風下側に発生する停滞性の Ci を地形性 Ci と呼ぶ。地形性 Ci は赤外画像で見ると、風上側の雲縁が山脈と平行な直線状となり、風下側に長く伸び白色である。風上縁はほとんど移動せず同じ場所に留まるので、動画では識別が容易であるが、地形を把握していないと Cb と誤判別することもある。可視画像では、地形性 Ci の部分は、ぼやけて見える。

地形性 Ci の発生条件は、山頂付近から対流圏上部まではほぼ安定成層を成し、風向もほぼ一定であることである（小花1981）。こうした条件では、山脈により励起された波動が上層まで伝播し、この時上層が湿っていれば波動による上昇流域で Ci が発生する。波動は総観場が変わらなければ定在波として維持されるので、停滞性の地形性 Ci が観測されると考えられる（「気象衛星画像の解析と利用」気象衛星センター）。

図3.74は、2014年12月28日10時の赤外画像（左）と可視画像（右）である。奥羽山脈と下北半島の恐山山地の風下に地形性 Ci（図中の矢印）が見える。赤外画像では白く、風上側の雲縁は奥羽山脈と恐山山地に平行な直線状となっている。可視画像では暗灰色でぼやけて見える。

図 3.74　地形性 Ci　2014 年 12 月 28 日 10 時　赤外画像（左）可視画像（右）

図 3.75 は、2015 年 1 月 3 日 10 時の赤外画像（左）と可視画像（右）で、朝鮮半島のテベク山脈の風下の地形性 Ci（図中の矢印）である。

図 3.76 は、2014 年 3 月 24 日 12 時の赤外画像（左）と可視画像（右）で、沿海州のシホテアリニ山脈の風下の地形性 Ci（図中の矢印）である。この 2 地域も、地形性 Ci がよく発生する場所である。また、3 地点の地形性 Ci を解説図（図 3.77）に示す。

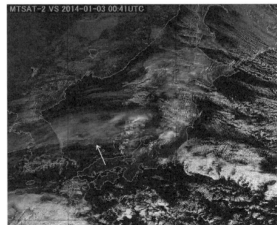

図 3.75　地形性 Ci　2015 年 1 月 3 日 10 時　赤外画像（左）　可視画像（右）

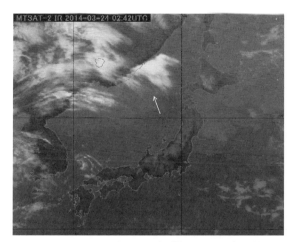 

図3.76　地形性 Ci　2014年3月24日12時　赤外画像（左）　可視画像（右）

図3.77　地形性 Ci　出現場所の解説図

3-3.2　波状雲

　山脈や島など障害物の風下に風向と直角に等間隔に並んだ雲域を波状雲と呼ぶ。厳密には「山越え気流の風下にできる波状雲」となるが、ここでは単に波状雲と呼ぶ。衛星画像では頻繁に観測され、積雲や層積雲など下層雲からなる場合が多い。山脈のように細長い障害物の場合は、風下側に山脈に平行な走向を持つ等間隔に配列した雲列となる。

　小花（1983）は、波状雲の発生について次の5条件を挙げている。
① 風向は上層まで厚い層にわたってほぼ一定であり、障害物の走向にほぼ直交している。
② 上層までかなり厚い層にわたって絶対安定である。

③ 雲を形成するのに十分な水蒸気が存在する。
④ 山頂付近でおよそ 10m/s 以上の風速がある。
⑤ スコーラー数が減少する成層の中で発達する。

なお、風下波の理論から、波状雲の雲列の間隔は風速に比例し、風速が強いと雲列の間隔が広くなると言われている。

また、衛星画像で見える波状雲が直接乱気流を発生させる訳ではないが、乱気流発生のポテンシャルとして利用することができる（「気象衛星画像の解析と利用」気象衛星センター）。

図 3.78 ～ 3.79 は、2014 年 11 月 4 日 12 時の衛星画像である。北海道の石狩山地風下の道東地方、知床半島の羅臼岳風下や国後島の爺爺岳風下の北海道東海上、利尻島の利尻山風下のオホーツク海、東北の奥羽山脈風下の東北太平洋側などに波状雲（図中の矢印）が見られる。雲種は可視画像（図 3.78）では明灰色で、赤外画像（図 3.79）では灰色なので中・下層雲であるが、赤外画像では奥羽山脈以外の波状雲は、波状の識別が難しい。

なお、可視画像の右下には、雲バンドの南端にロープクラウドが見える。赤外画像では、判別が困難である。ロープクラウドの雲種は下層雲である。

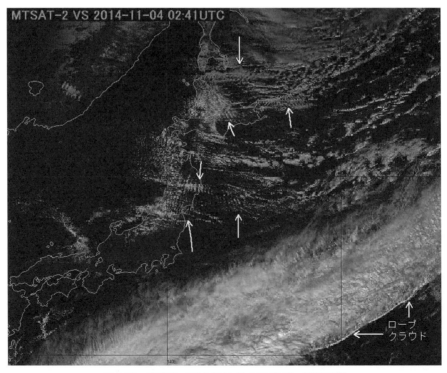

図 3.78　波状雲　2014 年 11 月 4 日 12 時　可視画像

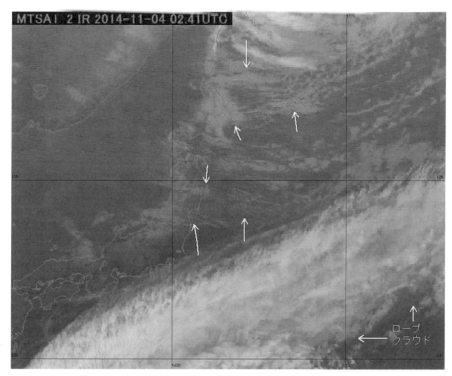

図 3.79　波状雲　2014 年 11 月 4 日 12 時　赤外画像

3-3.3　カルマン渦

　室内実験において、流体中に置かれた物体の下流に、2 列に渦が並んで形成されることがある。それぞれの渦は下流に向かって右側は反時計回り、左側は時計回りの回転をし、左右交互に並ぶ。これをカルマン渦列、またはカルマン渦と呼ぶ。

　衛星画像でのカルマン渦は、島の風下側に主として Sc から構成される雲渦が規則正しく列状に並んだものである。

　Hubert、Krueger（1962）および Thomson、Gower、Bowker（1977）による衛星画像を用いた調査によると、カルマン渦の発生条件としては、主に次の 3 つが挙げられる。

①　強い逆転層下にある St または Sc によって覆われた広い海域であること。
②　風向が一定した比較的強い下層風が持続すること。
③　逆転層の上へ数 100m 突き抜けている山岳を持つ島が存在すること。

このような条件は、寒候期において流入した寒気が徐々に昇温する時期にあたる。カルマン渦の走向はほぼ下層風の流れに沿っている（「気象衛星画像の解析と利用」気象衛星センター）。

　主な観測場所は日本付近ではチェジュ島、屋久島、利尻島、千島列島のウルップ島およびパラムシル島の風下である。

(1) チェジュ島と屋久島のカルマン渦

　図 3.80 〜 3.81 は、2015 年 1 月 7 日 13 時の衛星画像である。東シナ海では寒気に伴う下層雲域（赤外画像で暗灰色、可視画像で白色）が見られるが、大部分は層状化している。可視画像（図 3.80）では、層状化した下層雲の中にやや不明瞭ではあるが、チェジュ島（図中の矢印）から南東に向かって右側に反時計回り、左側に時計回りの渦が見える。これがカルマン渦（図中の太矢印）である。同じく屋久島（図中の矢印）から南東方向に明瞭なカルマン渦（図中の太矢印）が見える。チェジュ島には標高 1,950m のハルラ山が、屋久島には標高 1,936m の宮之浦岳がある。赤外画像（図 3.81）では、チェジュ島のカルマン渦は不明瞭である。

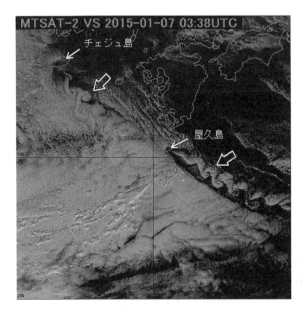

図 3.80　チェジュ島と屋久島のカルマン渦
2015 年 1 月 7 日 13 時可視画像

図 3.81　チェジュ島と屋久島のカルマン渦
2015 年 1 月 7 日 13 時赤外画像

(2) 利尻島のカルマン渦

図 3.82 は、2015 年 5 月 14 日 14 時の可視画像である。日本海北部には下層雲（赤外画像で暗灰色、可視画像で白色）が見られ、沿海州からサハリンには薄い上層雲（赤外画像で白色、可視画像で不明瞭で下が透けて見える）が、また日本海北部から津軽海峡付近にも上層雲（一部日本海北部には厚い上層雲：赤外画像で明白色、可視画像で明灰色）がかかっている。日本海北部の下層雲の中で利尻島（図中の矢印）から南西方向にカルマン渦（図中の太矢印）が見える。利尻島には標高 1,721m の利尻富士がある。

図 3.82　利尻島のカルマン渦　2015 年 5 月 14 日 14 時　可視画像

(3) ウルップ島のカルマン渦

図 3.83 は、2014 年 4 月 11 日 7 時 30 分の可視画像である。千島列島付近には下層雲（赤外画像で暗灰色、可視画像で暗白色：撮像時刻が早朝であり、太陽光が十分ではないため、可視画像の階調を調整している）が見える。その中でウルップ島から南南東方向にカルマン渦（図中の太矢印）が見える。ウルップ島には標高 1,426m のシロタエ山がある。

以上、図 3.80 ～ 3.83 まで画像の縮尺を同じにして、4 地点のカルマン渦を見たが、山の高さ、島の地形等の違いで、カルマン渦の大きさや形等の違いが良くわかる。

図 3.83　ウルップ島のカルマン渦　2014 年 4 月 11 日 7 時　可視画像

3-4　積乱雲に関連して見える現象

　積乱雲（以下 Cb）が出現すると、竜巻注意情報[*1]、大雨警報[*2]、大雨注意報[*3]、雷雨注意報[*4]等、気象情報や警報・注意報が発表となり日常生活に大きな影響を与える。気象庁 HP のレーダー・ナウキャスト（降水・雷・竜巻）では、気象レーダーによる 5 分毎の降水強度分布観測と、降水ナウキャストによる 5 分毎の 60 分先までの降水強度分布予測を連続的に表示しているので、Cb の動向については、このサイトをお薦めする。また、より詳細な雨雲の動向については、高解像度降水ナウキャストがある。

　レーダー・ナウキャスト http://www.jma.go.jp/jp/radnowc/ を参照する。

　高解像度降水ナウキャスト http://www.jma.go.jp/jp/highresorad/ を参照する。

　なお、衛星画像では 2-1.6 項（P.72）に記述した通り Cb と上層雲を誤認する場合が多いので、再度参照願いたい。

[*1]　竜巻注意情報：積乱雲に伴って発生する竜巻やダウンバーストなどの激しい突風に対して注意を呼びかける情報。発表から 1 時間を有効時間とし、必要に応じ随時発表する。
[*2]　大　雨　警　報：大雨に関する警報
[*3]　大 雨 注 意 報：大雨に関する注意報
[*4]　雷　注　意　報：雷に関する注意報。落雷または雷に伴うひょう、突風などによる災害が予想される場合。

3-4.1 かなとこ巻雲

　最盛期から衰弱期のCbは、雲頂が圏界面によって抑えられ上層雲が水平方向に流れだし「かなとこ」状の構造を形成する。この上層雲を「かなとこ巻雲」と呼ぶ。かなとこ巻雲はCbから主に上層の風下側に羽毛状に伸び、Cbの雲縁より羽毛だった雲縁を持つ。かなとこ巻雲の雲頂高度はCbと同程度であるが、強い雨を伴わないので、Cbとの識別が重要である。図3.87に模式図を示す（「気象衛星画像の解析と利用」気象衛星センター）。

　図3.84～3.86は、2014年6月9日16時の衛星画像と解説図である。赤外画像（図3.84）で見ると、白色の雲域が新潟県上越と中越付近から東北南部に見える。この画像から見ると、雲域全体が大きなCbのように見えるが、よく見ると、解説図（図3.86）に示した通り中越の雲域は、雲域の西端は発達した対流雲であるがCbの特定は難しい。風下の東北南部の雲域は、かなとこ巻雲である。可視画像（図3.85）で見ると雲域の西端はごつごつした塊が見えるが、東側は薄いベール状に見え、上層雲と識別できる。上越の雲域も可視画像で見ると西端下端にごつごつした塊が見え、雲域の東側と北側にはかなとこ巻雲が見える。可視画像で見ると薄いベール状の雲域が見え、上層雲と識別できる。数時間前からの動画では（図は略）東側から北側にかなとこ巻雲が広がっていく様子が見られる。当日のアメダス観測値から見ると、津南観測所・新津観測所等では夕方に強い雨が降ったが、降り続いたのは数時間であった。赤外画像から見ると、大きなCbのように見えるが、実際にはCbは模式図で示したように雲域西端に見える程度で、ほとんどは上層雲又は中・上層雲であった。

図3.84　かなとこ巻雲　2014年6月9日16時　赤外画像

図3.85　かなとこ巻雲　2014年6月9日16時　可視画像

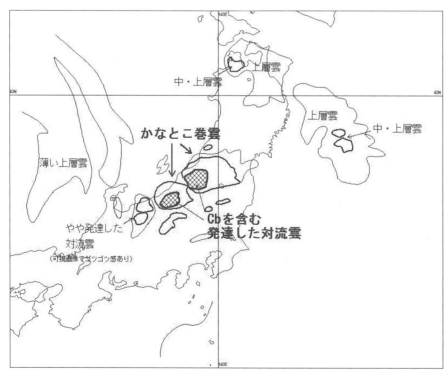

図3.86　かなとこ巻雲　2014年6月9日16時　解説図

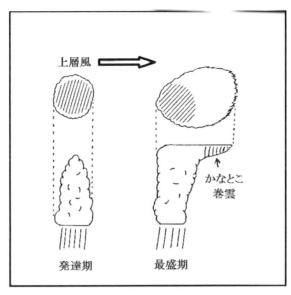

図 3.87 かなとこ巻雲 模式図（「気象衛星画像の解析と利用」気象衛星センター）

3-4.2 テーパリングクラウド

細長い三角形状の発達した対流雲域を、衛星画像上での形状からテーパリングクラウド（穂先状の雲）またはにんじん状の雲と呼ぶ。テーパリングクラウドは、穂先部分で、豪雨、竜巻、雷、降ひょうなどの顕著現象を伴うことが多く、その発生や移動を監視することは重要である。

気象衛星センター（1991）によれば、テーパリングクラウドを構成する個々の Cb を含む対流雲は上・中層風の下流側へ移動することが多いが、発生・衰弱を繰り返すため、発生点がほぼ停滞することや、時には風上側に移動することもある（「気象衛星画像の解析と利用」気象衛星センター）。

主な発生場所は地上低気圧中心付近や前線近傍および暖域内の海上である。

図 3.88 は、2014 年 7 月 3 日 9 時の赤外画像である。東シナ海には、細長い三角形状の真っ白な雲域がある。これがテーパリングクラウド（図中の矢印）である。可視画像（図 3.89）でも白い塊として見える。雲域の先端部は Cb で、北東方向に発達した対流雲域と厚い雲域で構成されている（図 3.90 参照）。発生場所は、朝鮮半島南岸の低気圧から伸びる寒冷前線付近である（天気図略）。東シナ海は一般的に対流雲が発達しやすい総観場にある。このテーパリングクラウドの北東方向の九州北部にも発達した雲域がある（赤外画像では白色であるがまとまりがない、可視画像ではテーパリングクラウドと比べるとやや暗く、雲域としての識別が難しい）。この雲域はテーパリングクラウドではないが、この雲域がかかった長崎県では、2 か所で猛烈な雨（予報用語：1 時間に 80mm 以上の雨）を観測した。この雲域は前線の暖域側で発生したものである。

なお、解説図（図 3.90）に日本付近の雲域を解析したが、低気圧の中心や前線の特定が難しい事例である。

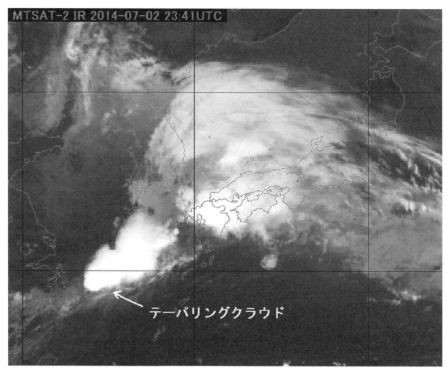

図3.88　テーパリングクラウド　2014年7月3日9時　赤外画像

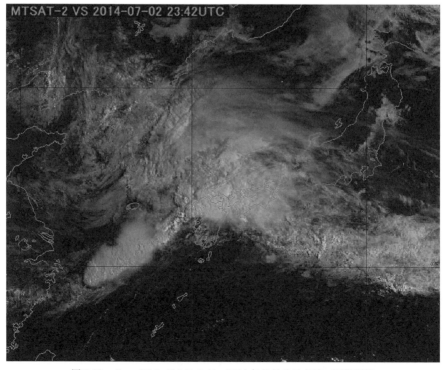

図3.89　テーパリングクラウド　2014年7月3日9時　可視画像

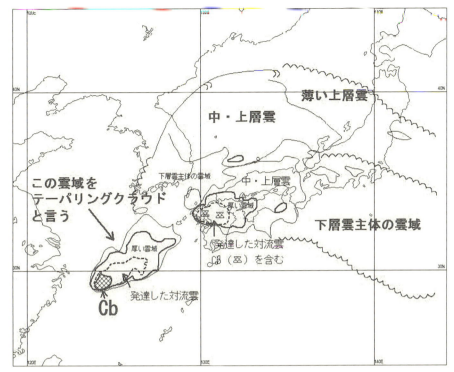

図3.90　テーパリングクラウド　2014年7月3日9時　解説図

3-4.3　アーククラウド

　アーククラウドとは、積乱雲（以下 Cb）に伴う冷気外出流（Cb の下で形成された冷たい（重い）空気の塊がその重みにより温かい（軽い）空気の側に流れ出すこと）の先端にできるガストフロント（予報用語：積雲や積乱雲から吹き出した冷気の先端と周囲の空気との境界で、しばしば突風を伴う。地上では、突風と風向の急変、気温の急下降と気圧の急上昇が観測される）に沿って円弧状に形成される雲域で、主に Cu から構成されている。つまりアーククラウドは大規模なガストフロントが円形（アーク状）に広がった先端部で発生した雲域である。図3.91 はモデル図である（「気象衛星画像の解析と利用　航空気象編」気象衛星センター）。

　主な発生場所は発達した Cb の周辺である。

　2012年8月6日12時前、新潟県で突風被害があり、その時、アーククラウドが観測された。この事例でアメダス巻観測所（以下巻観測所）では、アーククラウドが通過した時刻頃、日最大風速、日最大瞬間風速を観測している。

　ここでは、このアーククラウドが発生し、新潟県沿岸部に上陸するまでを1時間ごとの可視画像で追い、新潟地方気象台が発表した注意報等はどのタイミングで発表されたかを見てみる。解説するにあたり、衛星画像の時刻は配信される正時を表わし、括弧書きは切り出した衛星画像の時刻である。

　この日、日本付近は上空に寒気を伴った気圧の谷があって北日本を通過していた（天気図略）。北

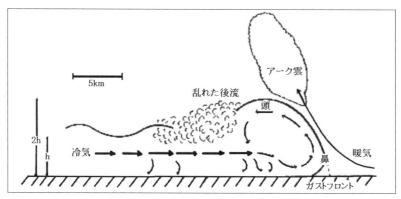

図 3.91　積乱雲に伴う冷気外出流の模式図（Goff,1975）小倉（1997）から引用
h：冷気の厚さ（「気象衛星画像の解析と利用　航空気象編」気象衛星センター）

陸地方は、南からの暖かく湿った気流と上空の寒気の流入で大気の状態が非常に不安定となっていたため、新潟市には6日2時51分に雷注意報が発表された。

図 3.92 左上は、当日8時（7時36分）の赤外画像である。日本海中部には、アーククラウドを発生させたと思われる Cb（A、B）が2つ見える（図 3.92 右上の解説図参照）。2つの Cb とも西側の縁は明瞭であるが、東側は上層の風に流され、かなとこ巻雲となっている。この時間ではまだ、アーククラウドは不明瞭である（可視画像略）。

図 3.92 左中は、1時間後の9時（8時36分）の可視画像である。アーククラウドが2つようやく見えるようになる（図中矢印）。アーククラウドは、赤外画像で灰色（略）、可視画像では白色でライン状の Cu として見える。

図 3.92 右中は、10時（9時36分）の可視画像である。2つのアーククラウド（以下西側を A、東側を B と呼ぶ）ともライン（図中矢印）が明瞭となる。この後、10時28分に新潟市に強風注意報*、10時36分に新潟県に竜巻注意情報、10時52分に大雨と雷および突風に関する新潟県気象情報第1号が発表された。

図 3.92 左下は、11時（10時36分）の可視画像である。A はライン（図中矢印）の形はまだ明瞭であるが、B は、西側部分が不明瞭となる。

図 3.92 右下は、12時（11時36分）の可視画像である。A は急激に衰弱しラインの形が不明瞭となる。B も新潟県沿岸部に上陸したため、ライン状の形が崩れ東側の一部分を残して不明瞭となる（ただし、ラインの位相としては不明瞭ながら残っている：図中矢印）。

B のアーククラウドは、発生した日本海中部から約 30～35kt で南東進し、11時35分頃には新潟県の沿岸部付近に達しており、東側部分は、巻観測所付近にある（図 3.92 右下の12時の可視画像）。巻観測所の撮像時刻は11時37分頃で、巻観測所では11時48分に北北西の風 24.7m/s の日最大風速を、11時43分には北北西の風 35.8m/s の日最大瞬間風速を観測している。

このように、アーククラウドを時系列で追うことにより、到達時刻をある程度推測することもでき、

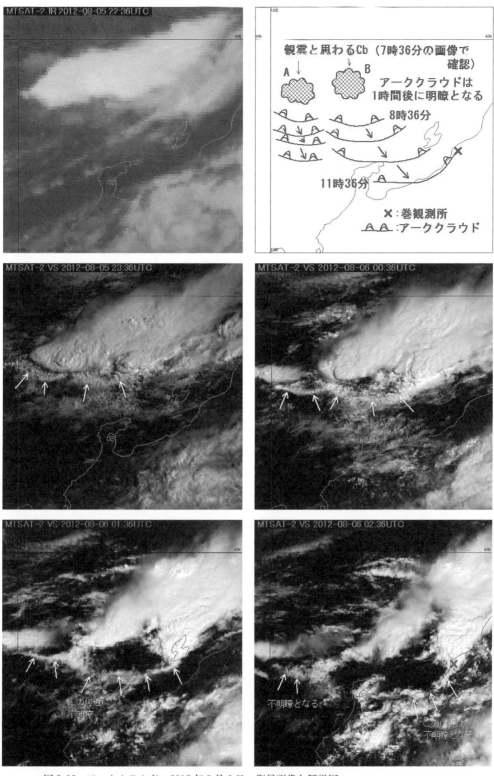

図3.92 アーククラウド 2012年8月6日 衛星画像と解説図
　　左上　8時の赤外画像　　右上　解説図
　　左中　9時の可視画像　　右中　10時の可視画像
　　左下　11時の可視画像　右下　12時の可視画像（×は巻観測所）

地方気象台の発表する注意報等との併用で防災には役立つものと思われる。

突風の被害状況等は、新潟地方気象台と東京管区気象台が編集した、現地災害調査速報（平成24年8月29日）http://www.jma-net.go.jp/niigata/menu/sokuhou.shtml を参照。

＊強風注意報：（予報用語）強風に関する注意報。平均風速が概ね10m/sを超える場合（地方により基準値が異なる）。

3-5　その他の現象

3-5.1　航跡雲

下層雲が存在する海域で、幅10〜30km程度で長さが1,000kmにも達する層積雲からなる雲列が見られることがある。船舶の航行と密接に関連していることから航跡雲と呼ばれ、人工的な要因による現象である。航跡雲の発生は海霧が多発する7月頃に北太平洋域で多く見られ、複数の雲列が同時に数日継続する（高崎1984）。このことから、航路上を航行する船の機関から排出される水蒸気を多量に含んだ温排気が、周囲の冷湿な気塊を巻き込み、雲として成長すると述べている。このような要因は飛行機雲の形成と同じで、条件によっては、航跡雲を赤外画像で見ることができる（Bader et al. 1995）（「気象衛星画像の解析と利用」気象衛星センター）。

図3.94〜95は、2014年5月27日09時の可視画像と解説図である。千島近海から千島の東海上には層雲（白色、一部上層雲がかかりぼんやりしている）が見え、その中に交差している十数本の雲列が見える（図3.95解説図の実線）。これが航跡雲である。同時刻の赤外画像（図3.93）では雲頂が低いため認識できない。

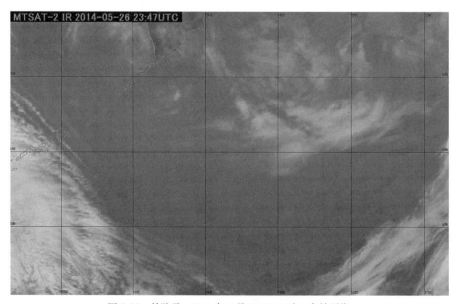

図3.93　航跡雲　2014年5月27日09時　赤外画像

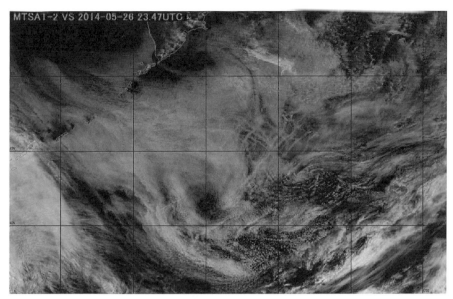

図 3.94　航跡雲　2014 年 5 月 27 日 09 時　可視画像

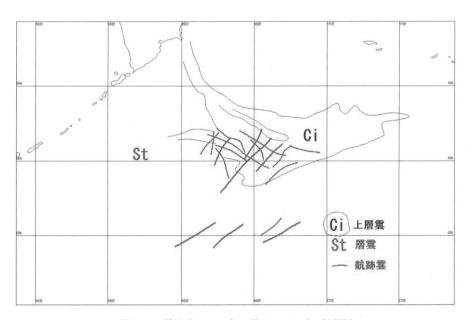

図 3.95　航跡雲　2014 年 5 月 27 日 09 時　解説図

3-5.2 サングリント

海洋や大きな湖などの水面からの太陽光の反射をサングリントと呼ぶ。衛星画像では可視画像で大きな明るい領域として見え、赤外画像では見えない。また、見える位置は季節（中心が北緯 11.75 度から南緯 11.75 度の間を移動する）および時刻（1 日の中で画像の中を東から西へ動く）により異なる。

サングリントの大きさや強さは、水面の状態で変化し、風が穏やかで波が立っていない海面ではサングリントは小さく明るい。一方、風が強く波立っている海面ではサングリントは大きく暗くなる。つまり、サングリントを通して海水面の状態が推測できる。

主な観測場所は赤道付近の海上や大きな湖である

図 3.96 は、北半球の春分、夏至、秋分、冬至の頃のサングリントである。図中、左側が可視画像、右側が赤外画像である。両画像を見ることにより確認できるので、間違い探しではないが探してほしい。なお図中の真中の経度線が赤道である（経度線は西から 130、140、150、160 度である。各 10 度毎）。

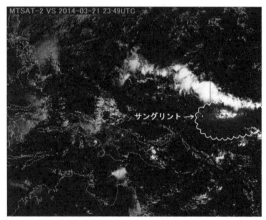 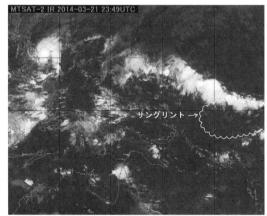

北半球の春分の頃（2014 年 3 月 22 日 9 時）東経 162 度の赤道付近に

 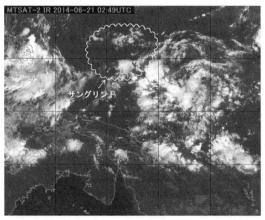

北半球の夏至の頃（2014 年 6 月 21 日 12 時）東経 142 度　北緯 11 度付近に

 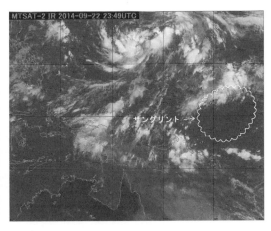

北半球の秋分の頃（2014年9月23日9時）東経162度 北緯2度付近に

北半球の冬至の頃（2014年12月23日15時）東経123度 南緯11度付近に

図3.96 サングリント 北半球の春分、夏至、秋分、冬至の頃 可視画像（左） 赤外画像（右）

3-5.3 潮目

　潮目に伴う顕著な海面水温の違いは、灰色のわずかな濃淡の差として、赤外画像で表現される。海面水温は時間変化が小さいため、動画を見れば雲域との識別は容易である。可視画像で見ることはできない。

　図3.97～3.98は、2014年4月9日9時の赤外画像と解説図である。北海道南海上から関東東海上にかけて親潮における潮目の例である。海面水温は北ほど低いことがわかり、この階調では灰色、暗灰色、黒色と3段に明瞭な温度差がみられる。解説図（図3.98）では、太破線、実線、細破線で温度差を現わしているが、冷たい海水温の中に暖かい海水温が入り込んでいる様子も階調の変化で見て取れる。可視画像（図3.99左）では黒い海面が見えるだけである。

潮目等の情報は気象庁 HP に日別海面水温（図 3.99 右）として提供されているので、衛星画像から潮目を確認する場合には、この情報を併用することをお薦めする。併用することにより、衛星画像の見方がより向上する。

海面水温のアドレス：http://www.data.jma.go.jp/gmd/kaiyou/data/db/kaikyo/daily/sst_HQ.html

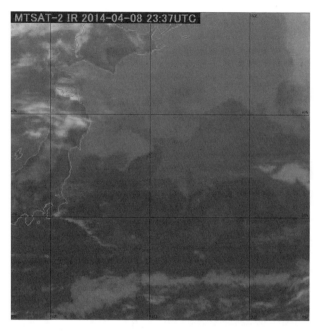

図 3.97　潮目　2014 年 4 月 9 日 09 時　赤外画像

図 3.98　潮目　解説図

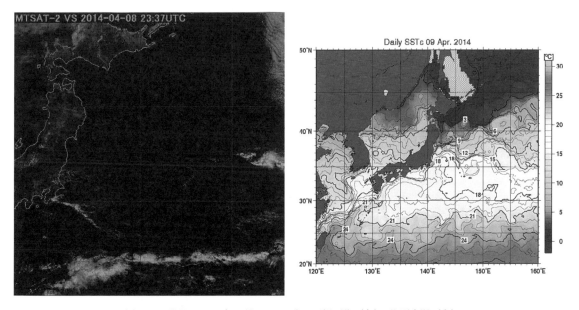

図 3.99　潮目　2014 年 4 月 9 日 09 時　可視画像（左）　海面水温（右）

3-5.4　日食

2012 年 5 月 21 日、九州南部から本州の太平洋側を中心に金環日食が観測された。日本付近で金環日食が観測されたのは、1987 年 9 月 23 日の沖縄本島で見られて以来 25 年ぶりのできごとであった。当日は一部地域では雲に覆われる予想もあったが、東京では 173 年ぶりに薄い雲を通して金環日食が見られた。次の日本付近での金環日食は 2030 年 6 月 1 日の北海道である。

日食は衛星画像でも観測することができる。衛星画像で観測する場合は、地上とは逆に雲が広い範囲に分布している方が、月の影が雲に映るため明瞭な観測が可能となる。当日は日本付近には低気圧と前線の雲と高気圧後面の雲域があったが、大陸上には雲の無い部分が広がっており、月の影の追跡に影響があった。

図 3.100 は、5 月 21 日の可視画像で、左側は、7 時 47 分、右側は 8 時 15 分である。やや不明瞭ではあるが、周囲より黒い部分の月の影が西南西から東北東へ移動しているのが見える。なお、現象が早朝で、太陽の光が十分届いていないため、月の影が見やすいように階調を強調している。また、赤外画像（図 3.101 左）では見えない。解説図（図 3.101 右）に月の影を示したが、7 時 47 分の画像（図 3.100）では月の影を限定するのはかなり難しいため、概略を示している。

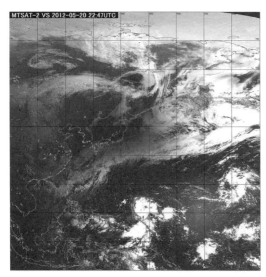 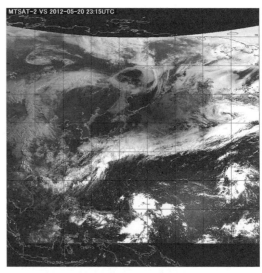

図 3.100　日食　2012 年 5 月 21 日 7 時 47 分（左）8 時 15 分（右）　可視画像

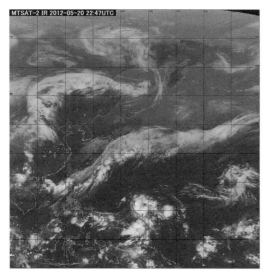 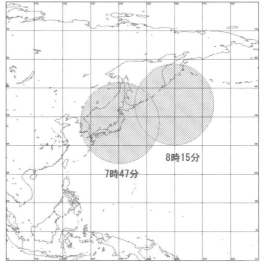

図 3.101　日食　2012 年 5 月 21 日　赤外画像（左）　解説図（右）

3-5.5　ブラックフォグ（黒い霧）

　通常、霧は可視画像で白色に見え、赤外画像では霧と周囲の地表面や海面との温度差が小さいためなかなか見ることができないが、この黒い霧は、赤外画像で見える霧（霧自体は通常の観測で見える霧）である。

　強い接地逆転が起きている時には、霧の雲頂温度が地表面よりも高温となり、通常とは逆に霧域の方が黒っぽく（暗く）見えることがある。このような霧は黒い霧（black fog、black stratus）と呼ばれ、大陸や海氷域などでまれに見られる（「気象衛星画像の解析と利用　航空気象編」気象衛星センター）。

　図 3.102 ～ 3.105 は、2014 年 6 月 3 日 9 時の衛星画像である。可視画像（図 3.102）で見ると、明

灰色の霧域が三陸沖から北海道南東海上に伸びている。同じ時間の赤外画像（図3.103）を見ると、可視画像で見えた霧域が北海道の南東海上では周りに比べ暗い色で見えている。これが黒い霧である。この付近の海面水温（図3.105）を見ると、親潮の影響で地上付近は気温が低いが、北海道は連日暑さが続き、上空は暖気が残っていた。

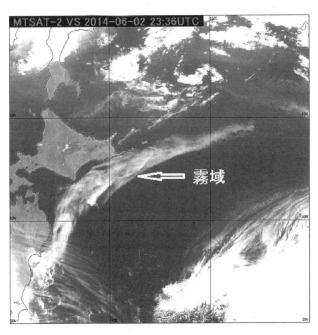

図3.102　ブラックフォグ　2014年6月3日09時　可視画像（強調画像）

図3.103　ブラックフォグ　2014年6月3日09時　赤外画像

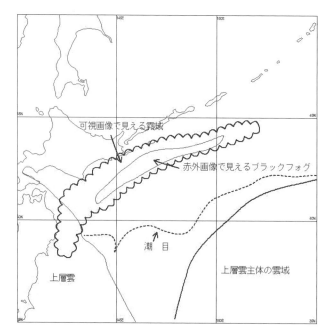

図 3.104　ブラックフォグ　2014 年 6 月 3 日 09 時　解説図

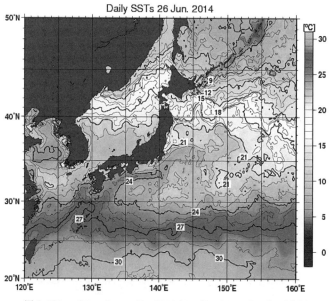

図 3.105　ブラックフォグ　2014 年 6 月 3 日 09 時　海面水温

第4章　低気圧の知識

4-1　温帯低気圧

4-1.1　まず雨を降らせる雲を知る

　天気を崩す雨雲は、地形性の低気圧といったスケールの小さいものを含め、ほとんどが低気圧やそれに伴う前線が原因となって発生する。

　低気圧には、さまざまな形態があり、それぞれ、呼び名も異なるが、大きく分ければ、熱帯低気圧と温帯低気圧、寒冷低気圧、ポーラーロウなどに分類される。

　熱帯や北極の空気が作る低気圧は、温帯でできる低気圧と大きく性質が異なっており、熱帯低気圧は台風にもなる。

　雲ができてその雲量が全天の8割以下の場合は、晴れといい、9～10割の場合を曇りという。低気圧に伴う雲を見てその雲が雨を降らせる雲になるのかどうかを知ることで天気予報ができる。

　雨雲となる条件とは、暖かい空気と冷たい空気のぶつかり合いから始まる。暖かい空気は、軽くて水分を多く含むが、冷たい空気は、重くて水分は少ない。

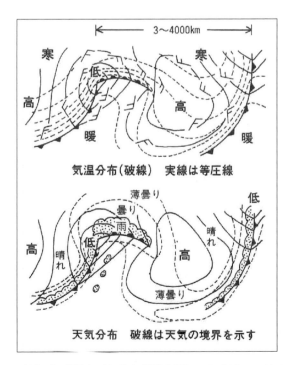

図4.1　低気圧の構造と天気分布「(改訂版) NHK気象ハンドブック」

北半球においては、常時西からの風が「偏西風」として上空を流れているので、日本付近の緯度では、下層から南寄りの暖かい空気が、北寄りの冷たい空気とせめぎ合う場（前線）ができると、低気圧のもととなる前線波動が生じる。

暖かい空気と冷たい空気が流入し続けることで、軽くて湿った暖かい空気は、冷たく重い空気に乗り上げ、上昇気流を起こす。上空に行くほど冷やされて、水分は雲となり、雲域は広がりながら低気圧として発達する。

これが、中緯度の温帯で発生する温帯低気圧である。

低気圧の進行前方では、温暖前線に伴う厚い雲域があり、後方側では、寒気の進入によって寒冷前線に伴う細長い雲域ができる。

雨雲となる雲域は、低気圧の前面の温暖前線に伴う厚い雲域と、寒冷前線の細長い雲域に発生する。温暖前線に伴う雨の降り方は、乱層雲や高層雲から降る「地雨」のタイプでしとしとと長時間続く。

これに対し、寒冷前線やこの前線の南風が強い範囲にある雲域は、積乱雲が降らせる雷や突風を伴った短時間の激しい雨の降り方となるのが特徴である。

温暖前線に伴う雲域は、上層の巻雲や巻層雲が上層の速い流れに運ばれ先行して現われる。この雲は氷でできた薄い雲で、記号でCiと表わし「シーラス」という。この雲は雨を降らせることはないが、山の愛好家の間では、「青空に白い筋雲が見えたら、天気は下り坂。やがて低気圧の接近で雨となることがわかるので、シーラスは、雨を（知ーらす）雲」と呼ばれている。

赤外画像では、このシーラスは、低気圧の北側の凸型の丸みを帯びた雲域として現われ、この形状

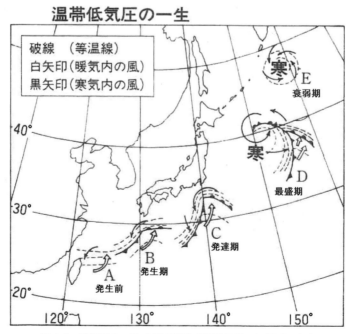

図4.2　低気圧の一生「（改訂版）NHK気象ハンドブック」

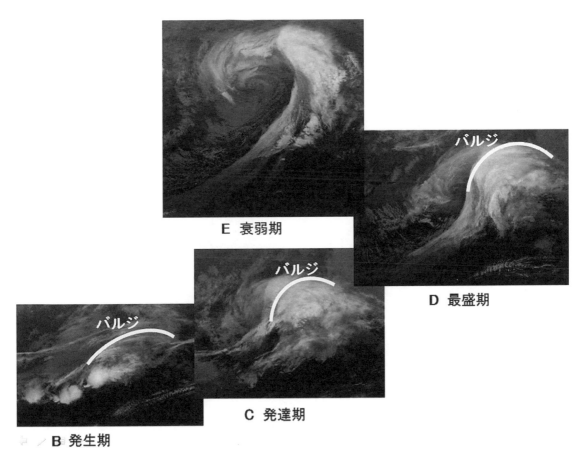

図4.3 温帯低気圧の発達と雲の形状

の雲パターンは低気圧の発達を知ることができ、「バルジ」と呼んでいる。

4-1.2 温帯低気圧の発達パターン

図4.2と図4.3は、低気圧の発達モデルとその赤外画像、図4.4は、低気圧の発達を示した雲パターンモデル図である。

赤外画像では、低気圧の発達が、その形の変化からよくわかる。

「バルジ」の曲率は、低気圧の発達に合わせ、より大きく変化する。ピークに達すると、寒冷前線の一部が温暖前線に追いつき、閉塞前線ができて、やがて、低気圧の中心に下層雲渦ができ、上層の厚い雲域と切り離されるようになると、下層雲渦は動きを止め低気圧は衰弱する。

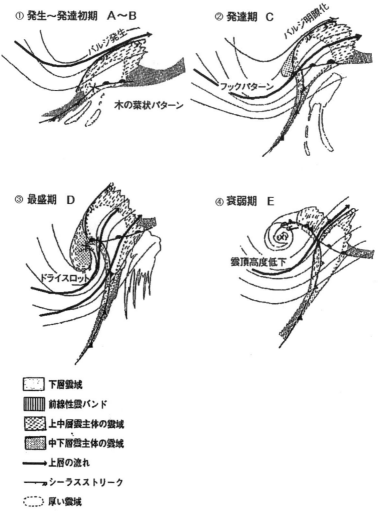

図4.4 低気圧の発達 雲パターンモデル図(「気象衛星画像の見方と利用」気象衛星センター 1997)

4-2 日本付近を通る低気圧

日本周辺を通る温帯低気圧には、それぞれの位置によって呼び名がついている。
本州南岸を通る低気圧を「南岸低気圧」、日本海で発達しながら東進する低気圧を、「日本海低気圧」、日本海側と太平洋側に二つの低気圧が発生すると、「二つ玉低気圧」と呼び、それぞれ次のような特徴がある。

4-2.1 南岸低気圧

華中から東シナ海付近で低気圧が発生し、日本列島の南岸沿いを東北東〜北東進する。
主として寒候期に多く、1〜3月に本州の太平洋側で大雪をもたらすこともある。

低気圧の南東側では、海上の暖湿流の流入、北西側では大陸の寒気の流入が顕著で、発生当時1015hPa くらいのものが、1日後には関東地方沿岸や三陸沖で 995hPa くらいとなり、日本の東や千島近海では 980hPa、さらに 960hPa と台風並みに発達した後アリューシャン近海で衰弱する。

低気圧の移動速度は速く、低気圧の強風域は、台風のそれよりもはるかに広くなることがあり、その半径が 2,000km におよぶことも珍しくない。このため、東日本から北日本を中心に広い範囲で暴風が吹き荒れ、高波も生じ、陸海空の交通機関に大きな影響をもたらす。

図 4.5〜4.6 は、2015 年 1 月 15 日 09 時の赤外画像と可視画像である。低気圧が発達しながら本州太平洋側を東北東進し、15 日 21 時に関東沖へ抜けた。15 日 09 時から 16 日 09 時までの 24 時間で中心気圧は 20hPa 深まった。気象庁 HP の「日々の天気図」から 1 月 15 日分を見ると、西日本の 107 地点で 1 時間降水量の 1 月の 1 位を更新している。

「日々の天気図」：http://www.data.jma.go.jp/fcd/yoho/hibiten/index.html

赤外・可視画像からは、低気圧の発達を示唆するバルジが明瞭である（バルジの確認には、可視画像と赤外画像の比較を行うことが重要である）。地上低気圧の寒冷前線対応と思われるロープクラウドは明瞭であるが、雲画像から温暖前線を解析するのは困難である（図 4.8）。

図 4.7 の水蒸気画像ではジェット気流平行型バウンダリーが北緯 30 度付近にやや不明瞭ながら見ることができ、上層渦が不明瞭ながら広島県付近に確認できる。地上低気圧の閉塞点は、このジェット気流平行型バウンダリーとフックで推定することができるが、今回の画像からは確認できない。ま

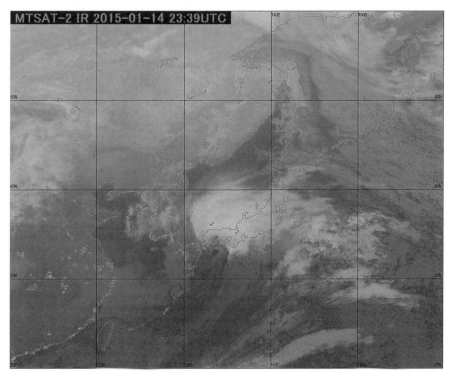

図 4.5　2015 年 1 月 15 日 09 時　赤外画像

図 4.6 2015 年 1 月 15 日 09 時 可視画像（冬季で画像が暗いため階調を調整）

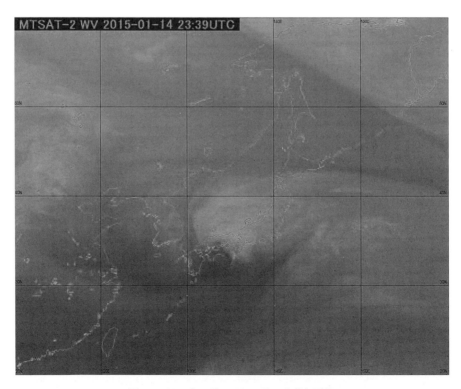

図 4.7 2015 年 1 月 15 日 09 時 水蒸気画像

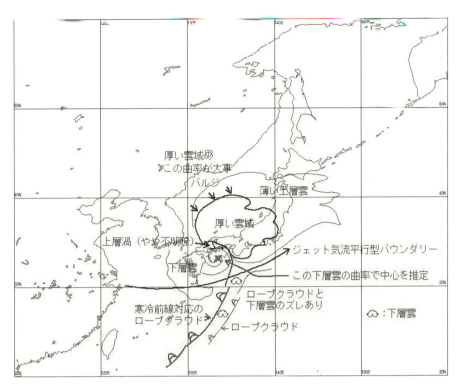

図 4.8　2015 年 1 月 15 日 09 時　解説図

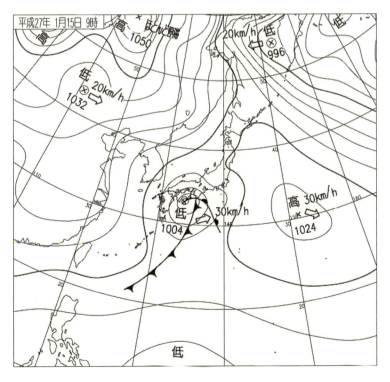

図 4.9　2015 年 1 月 15 日 09 時　地上天気図

た、低気圧の中心位置については、可視画像の動画による下層雲渦の回転と雲域の曲率からある程度推定可能である。(以上解説図 4.8 を参照)。

4-2.2　日本海低気圧

　冬から春にかけて、日本海を発達しながら東あるいは北東に進んでいく低気圧である。日本海低気圧が日本列島(低気圧の中心は主に北海道や東北地方を通過する)を横断する際には、前半は南寄りの強風により日本海側でフェーン現象(予報用語：湿った空気が山を越える時に雨を降らせ、その後山を吹き降りて、乾燥し気温が高くなる現象。または、上空の高温位の空気塊が力学的に山地の風下側に降下することにより乾燥し気温が高くなる現象)が起こることもあり気温が上がり、寒冷前線の通過に伴う雨・雪を挟んで、後半は北西寄りの強風により気温が下がることが多い。

　発達すると、冬季は冬の嵐、立春を過ぎてからは「春一番」(予報用語：冬から春への移行期に、初めて吹く暖かい南よりの強い風。気象庁では立春から春分までの間に、広い範囲(地方予報区くらい)で初めて吹く、暖かく(やや)強い南よりの風としている。)をもたらし、5月頃は「メイストーム」と呼ばれる春の嵐となる。

　冬季には急な発達を続け、「爆弾低気圧」と呼ばれる場合もある。(気象庁では「急速に発達する低気圧」という。)

　地上天気図では、低気圧の西側は等圧線の間隔が狭くなって、大陸のシベリア高気圧と東の三陸沖の低気圧により冬型の気圧配置となって、北西の冷たい強風が吹き、日本海側では大雪、太平洋側では空っ風が吹き、晴天が広がる。

　図 4.10 ～ 4.12 は、2015 年 1 月 6 日 09 時の赤外画像、可視画像、水蒸気画像である。日本海北部の低気圧が日本海を発達しながら北東進し、その後日本付近は冬型の気圧配置となった。

　温帯低気圧の発達は、赤外画像や可視画像で「バルジ」の曲率の変化を見定めることや、水蒸気画像でトラフの深まる様子から判別できる。またこれらの変化は、動画により明確に解析できる。

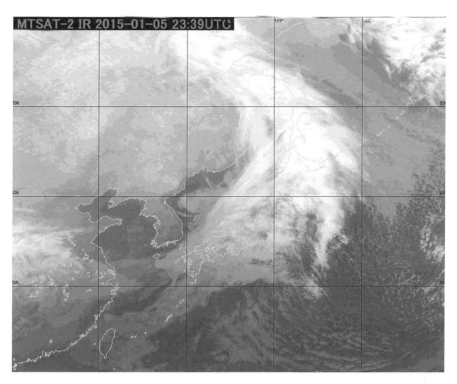

図 4.10　2015 年 1 月 6 日 09 時　赤外画像

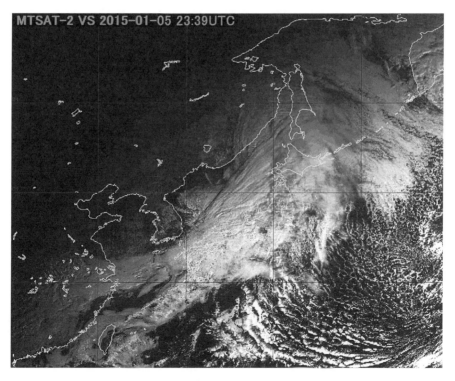

図 4.11　2015 年 1 月 6 日 09 時　可視画像

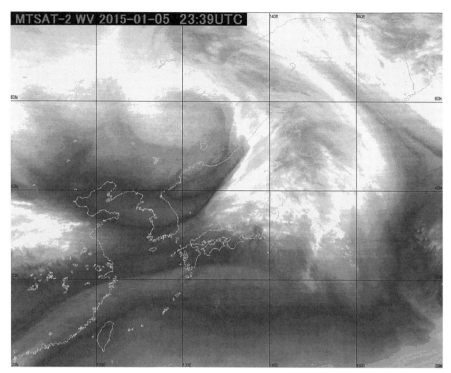

図 4.12　2015 年 1 月 6 日 9 時　水蒸気画像（暗域と明域を強調した画像）

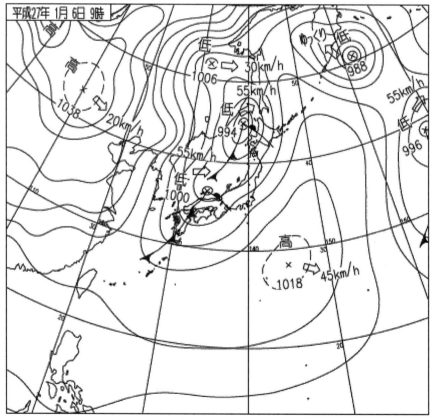

図 4.13　2015 年 1 月 6 日 9 時　地上天気図

4-2.3　二つ玉低気圧

　二つ玉低気圧は、悪天が広範囲に及び、雨量が多くなる特徴を持ち、ときには大雨・強風災害をもたらす。

　もともと別個の二つの低気圧が発生発達する場合と、元来は一つの低気圧が日本列島上で南北に分裂する場合とがある。

　上空に強い寒気があると、太平洋側の沿岸に暖湿気流を呼びよせ、地形の影響で千葉県内には、沿岸前線ができ、発達した積乱雲が発生することがたびたび起こる。

　1990年12月11日（千葉県茂原市・鴨川市で猛烈な竜巻）や、1999年10月27日（千葉県佐原市で1時間雨量154ミリが記録された）ときも、これに近い気圧配置であった。

　図4.14～16は、2014年12月16日09時の赤外画像、可視画像、水蒸気画像である。低気圧が日本海と本州太平洋側を発達しながら北東進し、本州太平洋側の低気圧は17日09時には根室沖で948hPaとなり、24時間で中心気圧が50hPa以上下がって急発達した。全国的に大荒れとなり夜は広範囲で雪となった。

　日本海低気圧の中心付近の特定は、赤外・可視画像からは難しいが、あえて推定するならば、可視画像で確認できる下層雲の曲率からやや不明瞭ながらフック（図4.17の×）が確認できる。太平洋側の低気圧（図4.18地上天気図参照）は厚い雲域の曲率からフックが確認でき、またこの厚い雲域から寒冷前線対応と思われるロープクラウドが南西方向に伸びている。

　水蒸気画像を見ると、日本海低気圧のフックの北側には不明瞭ながら上層渦が見える。北緯30～40度の大陸上からはジェット気流平行型バウンダリーが2本見える。

　この他にも、寒気移流に伴う対流雲が、ボッ海から東シナ海にかけて広がり、朝鮮半島の元山沖からは新たに発生している。また、日本海西部には上層雲の影が可視画像（図中点線）で確認できる。

　図4.19は、この2つの低気圧の12時間後の赤外画像であるが、日本海と本州太平洋側には低気圧の発達を示すバルジも明瞭な、白い雲域の低気圧が確認できる。

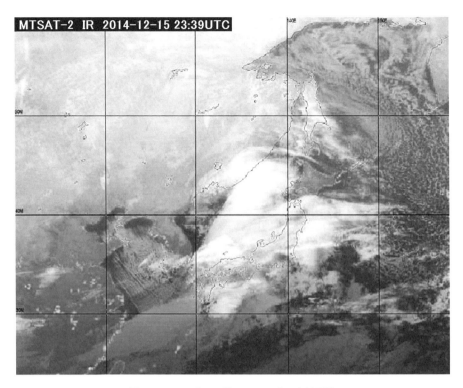

図 4.14　2014 年 12 月 16 日 09 時　赤外画像

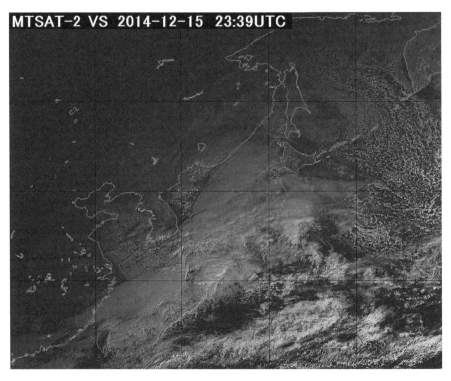

図 4.15　2014 年 12 月 16 日 09 時　可視画像（階調を強調）

第 4 章 低気圧の知識　181

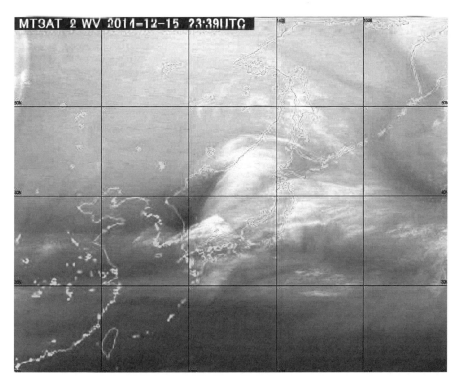

図 4.16　2014 年 12 月 16 日 09 時　水蒸気画像

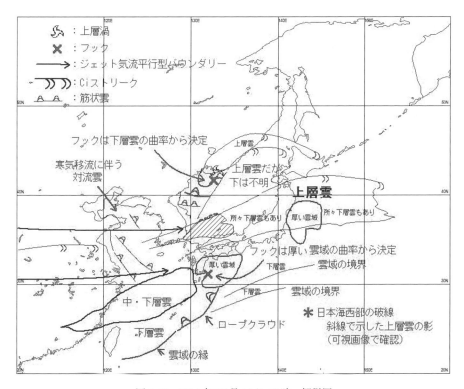

図 4.17　2014 年 12 月 16 日 09 時　解説図

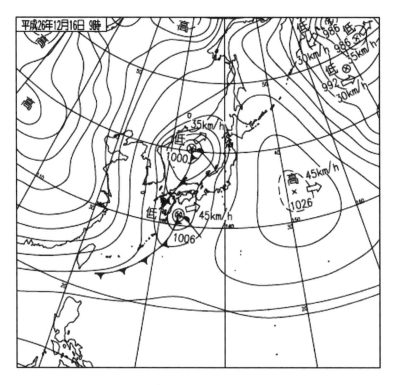

図4.18　2014年12月16日09時　地上天気図

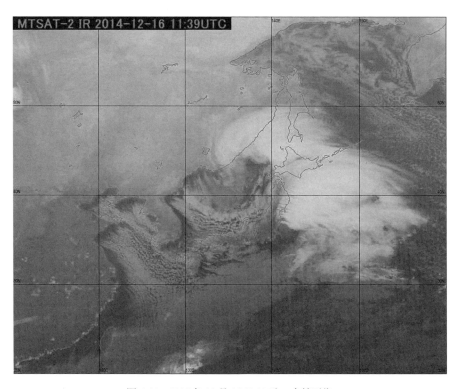

図4.19　2014年12月16日21時　赤外画像

4-2.4　寒冷低気圧

　上層の偏西風帯でジェット気流の蛇行が激しくなると、低緯度側へ張り出した部分（気圧の谷）が切り離されて独立した渦となることがある。この部分は極からの寒気が入り込んでいるので、周囲よりも寒冷な低気圧となる。

　カット・オフ・ロウ（切離低気圧）とか、寒冷渦とも呼ばれ、一般的に上層ほど、より明瞭な低気圧で、地上付近では気圧差が小さく不明瞭となるのが特徴である。

　寒気核のみで構成され、渦の中心に寒気が引き付けられているため暖気が進入できず、前線が発生しにくいことから、温帯低気圧とは区別されている。

　寒冷低気圧の通過の際は大気が非常に不安定となるため、積乱雲が発達して激しい雷雨や集中豪雨（冬季は大雪）をもたらすことが多い。しかも、寒冷低気圧は偏西風の流れから切り離されているため動きが遅く、悪天候が数日間続く場合があることから、「雷三日」という言い習わしがある。

　図 4.20～4.22、は、2015 年 4 月 15 日 09 時の水蒸気画像、赤外画像、可視画像である。日本の上空には強い寒気が流入しており、松江上空約 5,500m（図 4.25 の 500hPa 高層天気図）では、平年より約 11℃低い－28.6℃である。このためこの日は大気の状態が非常に不安定で福岡、岐阜、前橋で降ひょう，各地で雷雨が観測された。

　前述したとおり、この低気圧は上層ほど明瞭で、水蒸気画像 1 枚の画像から上層渦を特定するのは難しいが、動画を使うことにより、やや不明瞭ながら上層渦を西日本に見ることができる。なお動画で上層渦を解析する場合は、暗域、明域、バウンダリーの動きを確認しながら解析する。

　この上層渦は前述した 500hPa 高層天気図で寒気を表わす「C」の記号にほぼ対応する。もう 1 つ日本海中部にも上層渦があるが、これも動画を行うことにより特定できるが、特定するのは前者より難しい。この上層渦は 500hPa 高層天気図の「L」の記号にほぼ対応する。次に可視画像で地上低気圧対応の下層雲渦を見てみるが、西日本の下層雲渦は Cu ラインの曲率等で上層渦直下に解析できる。日本海中部のものは、下層雲渦としては解析が困難であるが、フックとして上層渦直下に解析できる。

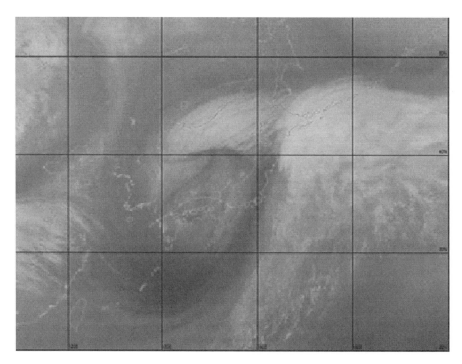

図4.20　2015年4月15日09時　水蒸気画像

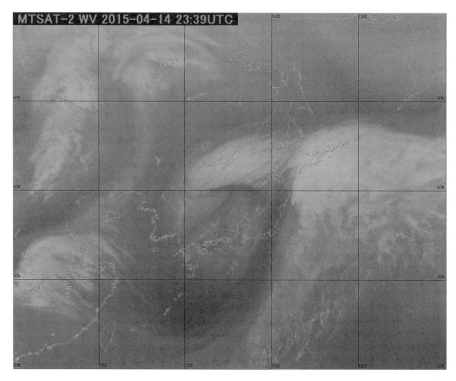

図4.21　2015年4月15日09時　赤外画像

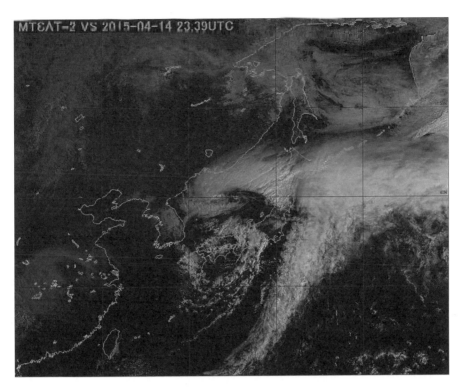

図 4.22 2015 年 4 月 15 日 09 時 可視画像

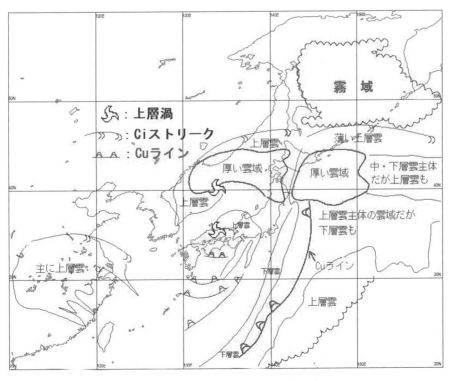

図 4.23 2015 年 4 月 15 日 09 時 解説図

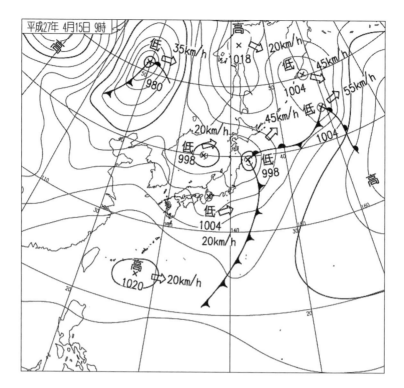

図 4.24　2015 年 4 月 15 日 09 時　地上天気図

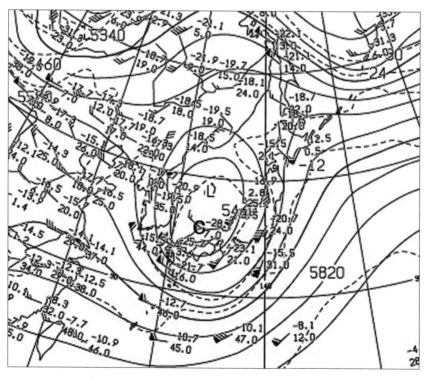

図 4.25　2015 年 4 月 15 日 09 時　500hPa 高層天気図

4-3 温帯低気圧と熱帯低気圧のちがい

熱帯や寒帯で発生する低気圧は、温帯でできる低気圧と大きく性質が異なる。

温帯低気圧は、北側の冷たい空気と南側の暖かい空気がぶつかりあうことで発生し、寒冷前線と温暖前線を伴う構造であった。

これに対し、熱帯低気圧は亜熱帯や熱帯で、海から大量の水蒸気が上昇することにより、水蒸気が凝結して雲になるときに出す熱を原動力として、渦を巻いてできる低気圧である。

4-3.1 熱帯低気圧と台風

熱帯低気圧と台風は同じ仲間で、暖かい空気だけでできているので、温帯低気圧と大きく構造が異なり前線がない。

また、熱帯低気圧が発達し、風速が 17.2m/s を超えると台風と呼び名が変わる。一方、温帯低気圧が発達して風速が 17.2m/s を超えても台風とは呼ばない。

図 4.26　2015 年 8 月 7 日 15 時　台風第 1513 号　ひまわり 8 号可視画像

4-3.2 台風の発達過程

熱帯の海上では海面水温が高く、たくさんの水蒸気が上昇気流を発生させている。この上昇気流によって次々と発生した積乱雲（日本では夏に多く見られ、入道雲とも言う）がまとまってゆるやかな回転が始まると、Cb（シービー＝積乱雲の意）クラスターと呼ばれる熱帯低気圧発生初期の積乱雲が集まった雲域ができる。

この雲域はゆっくりと回転を始め、この Cb クラスターの回転が明瞭となって渦の中心がわかるよ

うになったものを熱帯低気圧という。図4.27の写真は、台風の発達過程と台風の目が明瞭となった最盛期から、台風が衰弱して下層雲渦となった可視画像である。

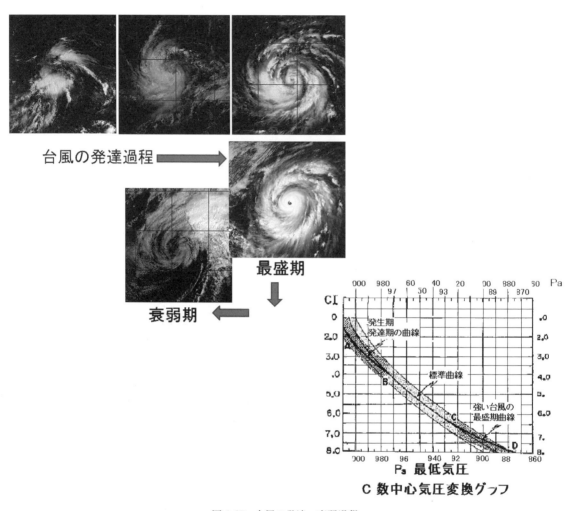

図4.27　台風の発達・衰弱過程

4-3.3　台風観測のドボラック法

　台風観測は気象衛星で得られた衛星雲画像から台風の強度を推定する手法、ドボラック法（Dvorak method）をもとに、世界中の熱帯低気圧の解析が行われている。ドボラック法では、衛星画像でみられる台風を取り巻く雲の特徴から、台風を取り巻く円弧状の雲列が台風中心に対して張る角度の大きさ、眼の直径、中心部を覆う厚い上層雲の塊（central dense overcast、CDO）の大きさなどをさまざまな角度から解析し定量化することで、0.5から8.0の間を0.5刻みに求められているCI数と台風の強度を関係づける図表に従って台風中心の最低気圧を5hPaごとに決めている。（詳細は4-5節台風P.193を参照）

4-3.4 台風から変わった温帯低気圧

ふつう台風は北へ進むにつれて、周辺の空気との間に温度差を生じ、台風域内の暖かい空気が冷たい空気と混ざりはじめると前線ができはじめ、台風としての性質が徐々に失われていく。

温帯低気圧の性質が強くなってゆくと、温暖前線と寒冷前線が明瞭となって、ついには温帯低気圧に変わってしまう。

多くの台風は温帯低気圧になりながら弱まっていくが、中には温帯低気圧に変わりながら再び発達する低気圧もある。これまでの例としては、台風として九州北部に上陸した後、日本海を北東に進みながら弱まって、暴風域が狭くなったのち、北海道の西の海上で温帯低気圧に性質を変えながら再び発達し、中心から離れた地方でも強風が吹き荒れたものもある。

台風では風が強い領域は中心付近に集中しているのに対し、温帯低気圧では広い範囲で強風が吹くのが特徴である。

また、温帯低気圧に変わらないまま、北上した台風が、水温の低い場所に来て衰弱し、熱帯低気圧に変わることもある。この場合、熱帯低気圧になったからと油断することはできない。この熱帯低気圧による局地的な集中豪雨でキャンプ場や河川の中洲で死亡事故が起きている。

4-4 ポーラーロウ

4-4.1 日本海で発生するポーラーロウ

高緯度で発生する水平スケール200〜800kmの低気圧は「ポーラーロウ」(polar low; 極低気圧)と呼ばれ、ここ数十年間の衛星観測により、北海、グリーンランド海、ラブラドル海、ベーリング海、南極大陸周辺など世界各地の高緯度地方の海域で頻繁に発生していることがわかってきた。

ポーラーロウが発生する典型的な状況は、冬季に冷たい陸上で形成された寒気が相対的に暖かい海上に吹き出しているようなとき、海から大気へ多量の熱と水蒸気が供給され、積雲対流が活発となることで、熱帯低気圧と似たメカニズムにより、南北の温度差がないときは渦状、南が暖かく北が冷たいときは、コンマ状の雲域ができることがわかってきた。

日本海にもポーラーロウがしばしば発生する。日本海の緯度は北緯34度〜46度程度で中緯度帯ではあるが、冬季に強い寒気を形成するユーラシア大陸と暖かい対馬暖流の存在が、ポーラーロウの発生しやすい環境を形成している。

主に12〜2月、西高東低の冬型の気圧配置のとき、低気圧の西側にある寒気場内に、衛星画像や天気図上の小さな低気圧として見られる。

図4.28は、2015年2月12日15時の赤外画像と可視画像である。12日は本州の上空約5,500mに−30℃以下の寒気が流入し、北陸を中心に西日本から東北で雷を観測した。翌13日は北日本でふぶ

きとなり、東北地方の日本海側を中心に暴風が吹いた。

　衛星画像で日本海西部に見られる下層雲渦がポーラーロウである。大きさの規模はメソαスケール～メソβスケールと呼ばれるもので、6時間後の21時（図4.29）には、下層雲渦は徐々に形が崩れ、秋田沖で不明瞭となり、その後、ポーラーロウの中心は下層雲渦ではなくコンマ形状となった（図4.30参照）。

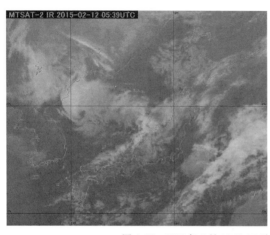 

図4.28　2015年2月12日15時　赤外画像（左）、可視画像（右）

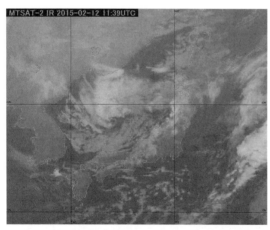 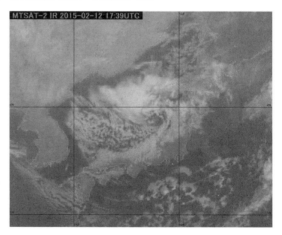

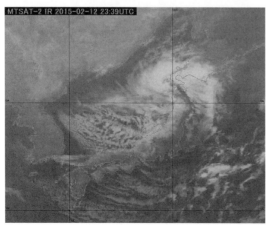

図4.29　赤外画像　2015年2月12日21時（左）13日03時（右）13日09時（下）

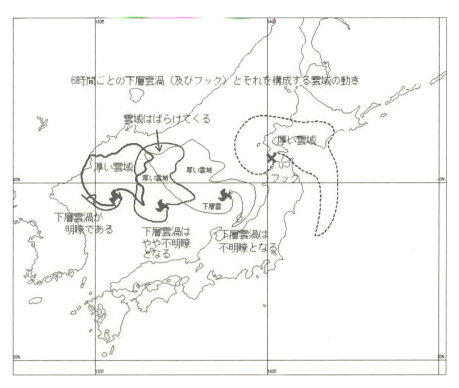

図 4.30　2015 年 2 月 12 日 15 時～13 日 09 時　解説図

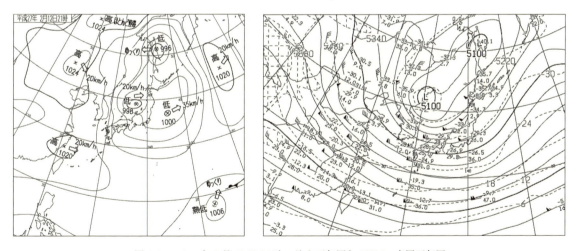

図 4.31　2015 年 2 月 12 日 21 時　地上天気図と 500hPa 高層天気図

4-4.2　台風のようなポーラーロウ

　図 4.32 の衛星雲画像は 2005 年 12 月 5 日 09 時の可視画像だが、日本海にある台風の眼のように発達した渦状の雲がポーラーロウである。

　前線は伴っておらず、台風のように渦巻いている雲は発達した積乱雲でできている。

図4.32の12月5日09時の地上天気図では、三陸沖に閉塞前線、温暖前線、寒冷前線を伴った980hPaの発達した低気圧があり、日本海に中心気圧986hPaの低気圧がある。

上層の寒気核と500hPaの低圧部がこの下層雲渦とほとんど同じ位置に解析されるのが特徴で、大気の状態は不安定となって、積乱雲が発達して雷が発生する雲に覆われている。

ポーラーロウは5日09時には急発達、暴風と高波を伴い伊予灘で航行中の砂利運搬船（第85福吉丸＝397トン）が転覆した。

また、低気圧に伴う積乱雲が発達し、日本海側の多くのところで雷が観測され「雪起こしの雷」となった。舞鶴市では15cmの積雪、みぞれまじりの雨やひょうが降り、強烈な雷が長時間にわたって鳴り響く大荒れの天気となった。落雷が原因とみられる火災も2件発生、100戸が一時停電した。さらに、岐阜県では山間部を中心に6日にかけ12月としては記録的な大雪が降った。

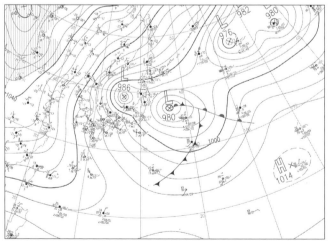

図4.32　日本海で台風のような眼の渦が明瞭となったポーラーロウ
　　　　2005年12月5日09時可視画像（上）地上天気図（下）

4-5 台風

4-5.1 ドボラック法

　気象衛星画像を利用した熱帯じょう乱の中心位置および強度（中心気圧・最大風速）を推定する方法として、アメリカ海洋大気庁（NOAA）のV. F. ドボラック氏が開発した「ドボラック法」がある。

　ドボラック法とは、熱帯じょう乱のライフステージ毎の衛星画像の特徴を、熱帯じょう乱の強度を示す指数（T数：Tropical Number）と関連付け、このT数から求めたCI数（Current Intensity Number）から熱帯じょう乱の中心気圧および最大風速をそれぞれ推定する手法である。またこのT数は熱帯じょう乱の標準的なライフステージ（発達の日数）でもあり、T数 = 1.0（1日）が台風（TS：Tropical Storm）の元となる熱帯低気圧の発生に、T数 = 2.0 〜 2.5（2 〜 2.5日）が台風への発達にそれぞれほぼ対応している。

　このT数には3つの種類があり

　DT数（Data T-Number）は、台風の雲域の測定（中心付近の発達した雲域の輝度温度や眼の輝度温度、雲域の幅・バンドの長さなど）により解析するT数

　MET数（Model Expected T-Number）は、通常の熱帯じょう乱が24時間で発達又は衰弱するT数の範囲（± 1.5）から、24時間前の画像との特徴の比較で発達又は衰弱とその数値を解析するT数

　PT数（Pattern T- Number）はMET数を雲域の形状の模式図と比較して主観的に調整を行うT数

である。これら3つのT数から、ライフステージおよび統計的な条件により最終T数を選び、さらに衰弱時の統計的な特徴（発達した熱帯じょう乱は雲域の特徴が衰弱しても12時間程度は強度が弱まらないこと）を考慮し、この最終T数を調整したCI数から台風の強度を推定する手法である。

　具体的な手順としては、

①熱帯じょう乱のライフステージおよび雲域の形状等から雲パターンを決め、その雲パターンに対応した手法で中心位置・推定精度・システムサイズ等を解析する。

②雲パターンに対応した手法でDT数を解析する。

③24時間前の画像と比較し、発達・維持・衰弱の変化傾向および変化量（通常の発達・衰弱を ± 1.0として、急発達・旧衰弱の限界を ± 1.5とする）を算出する。

④24時間前のT数に算出した変化量を加えMET数を解析する。

⑤MET数と標準的な雲域の形状（PTチャート）と比較し、MET数を調整（基本は ± 0.5だが特定の条件を満たせば + 1.0も可能）したPT数を解析する。

⑥3つのT数からライフステージおよび統計的な条件からもっとも信頼性が高いT数を最終T数とする。

⑦発達および衰弱のライフステージからCI数を解析する。

⑧ CI数から中心気圧および中心付近の最大風速を統計的に求める。

となる。

ドボラック法は1970年代から開発が始められ、1990年代にはほぼ現在の手法が確立されているが、その精度は非常に良いため、現時点では、世界の各国および各気象センター、「ドボラック法」および「ドボラック法を改良した手法」（客観ドボラック、自動ドボラック）等で熱帯低気圧の解析を行っている。

このようにドボラック法では、客観的手法（DT数）・統計的手法（MET数）・主観的手法（PT数）を組み合わせて精度の高い解析を行っているが、中心位置や強度推定の元となる雲パターンの決定には熟練が必要で、また雲パターンの決定には主観的な誤差も入り込んでしまう。

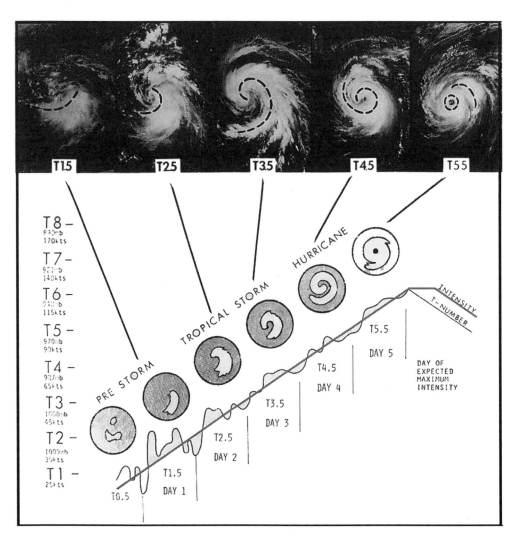

図 4.33　台風の典型的な発達パターン（ライフステージ）その時のT数
（Dvorak,1992 に一部加筆）
一番下の波線は瞬間的な強度の変化、直線は平均的な強度の変化を示す
（「気象衛星画像の解析と利用—熱帯低気圧編—」気象衛星センターより転載）

このため現在は多くの気象機関等で、ドボラック法の概念を継承した客観ドボラック解析手法やマイクロ波データを利用した解析手法を開発し、現業解析に利用している。

図4.33に熱帯じょう乱のライフステージと、図4.34～図4.40上ドボラック法のフローチャート、DT数・MET数・PT数の解析手順について示す。

なおドボラック法についていくつかのバージョンが存在するが、気象庁では1984年に発表されたDvorak (1984) の EIR (Enhanced IR：強調赤外画像) 法をもとに、気象衛星センターで改良した手法で解析を行っている。

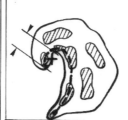
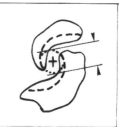
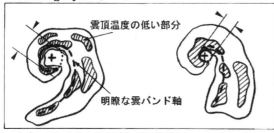
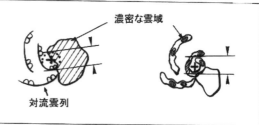
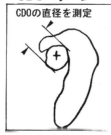
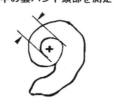
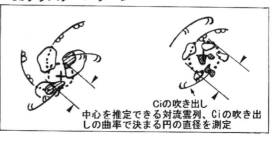

図4.34 雲パターン毎の中心位置の決め方の模式図
（「気象衛星画像の解析と利用―熱帯低気圧編―」気象衛星センターより転載）

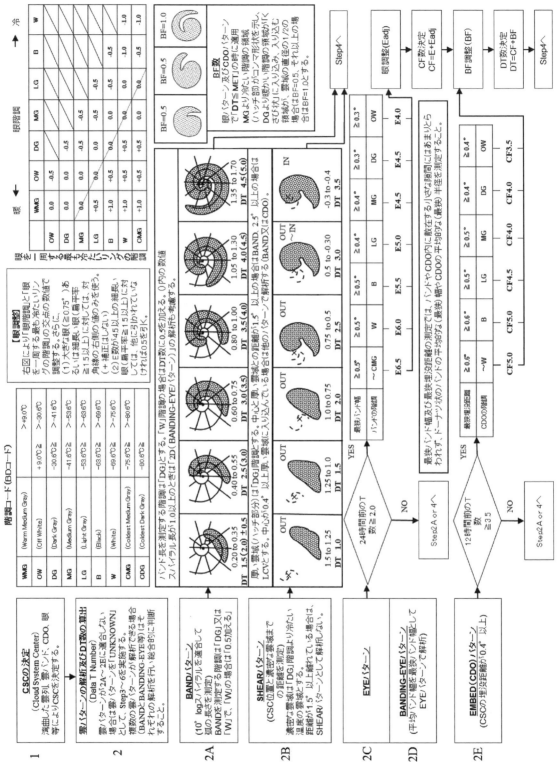

図4.35　ドボラック法フローチャート　1

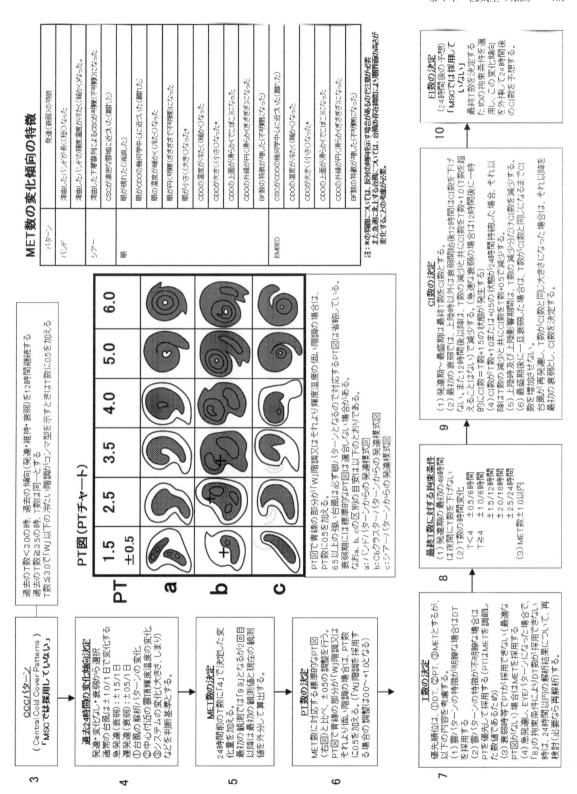

図 4.36 ドボラック法フローチャート 2

4-5.2 台風のライフステージ毎の雲パターン

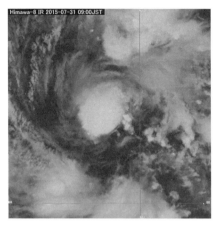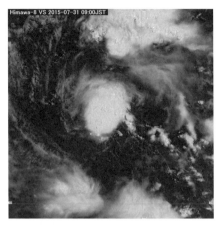

Cb クラスター：2015年7月31日09時　赤外画像（左）、可視画像（右）

バンド：2015年8月2日09時　赤外画像（左）、可視画像（右）

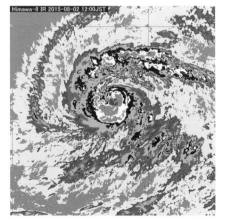

CDO：2015年8月2日21時　赤外画像（左）、強調赤外画像（右）

図 4.37　ライフステージ毎の雲パターン例：台風第1513号　発生期〜発達期

EYE：2015年8月3日09時　赤外画像（左）、可視画像（右）

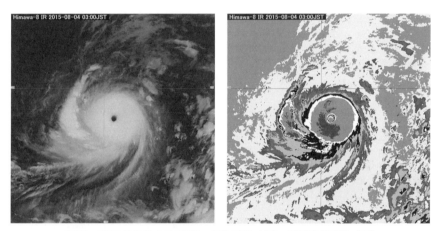

EYE：2015年8月4日03時　赤外画像（左）、強調赤外画像（右）

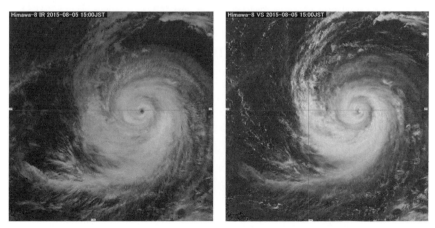

EYE：2015年8月5日15時　赤外画像（左）、可視画像（右）

図4.38　ライフステージ毎の雲パターン例：台風第1513号　最盛期～衰弱期

モンスーンジャイア

 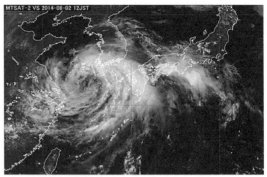

　上図は2014年8月1日12時および同2日12時の台風第1412号の可視画像である。

　台風1412号は7月28日15時にフィリピンの東海上で発生したものの、発生初期から中心付近の雲域は通常の発達をせず、中心の東側～南側の離れた領域で対流雲が発達するとともに強風域が観測された。その後台風第1412号は、8月1日09時には中心気圧980hPa、最大風速55ktにまで発達したものの、引き続き中心付近には活発な対流雲の発生は見られなかった。

　通常台風は、潜熱をエネルギー源として、積乱雲の持続的な発生・上昇流による上層の暖気核の形成・地上付近の気圧の低下・周辺からの水蒸気の流入及び低気圧性循環の形成（強化）、等を繰り返して発達していくが、このように中心付近の雲域が組織化せず、周辺部から発達する台風は珍しい。

　日本ではこのような台風についてとくに分類はしていないが、American Meteorological Society（AMS）の気象辞典（glossary of meteorology）には、このようなじょう乱をモンスーンジャイア（Monsoon Gyre）として分類している。

　モンスーンジャイアの定義としては、北太平洋西部の夏季のモンスーン循環で、①非常に大規模な（もっとも外側の等圧線は直径2,500kmに達する）ほぼ円形の地上低気圧の渦で、②雲バンドは地上低気圧中心または渦中心から離れた東縁部から南縁部に存在し、③その寿命は比較的長い（約2週間）、としている。また寿命が長いということは台風の移動速度が遅い（台風を動かす風が弱い）とも言え、台風第1412号もゆっくりとした速度で日本に接近・上陸・通過したため、四国地方では72時間降水量が1,000mmを超え、大きな被害をもたらした。

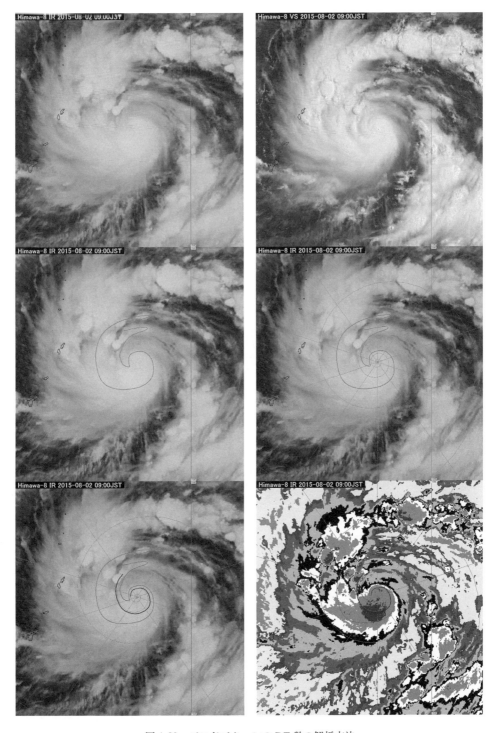

図 4.39 バンドパターンの DT 数の解析方法
① 赤外画像（左上）と可視画像（右上）からバンド形状が明瞭な雲域を決める。
② そのバンド状の雲域に 10°Log スパイラルの螺旋をフィッテング（左中）させ、その長さを計測する（右中、左下）（1 周を 1.0 として小数第 2 位まで求める。）
③ EIR (Enhanced IR)・強調赤外画像に切り替え、バンドの輝度温度階調を決める（右下）
④ フローチャート「2A」の表（図 4.35 参照）から DT 数を決める

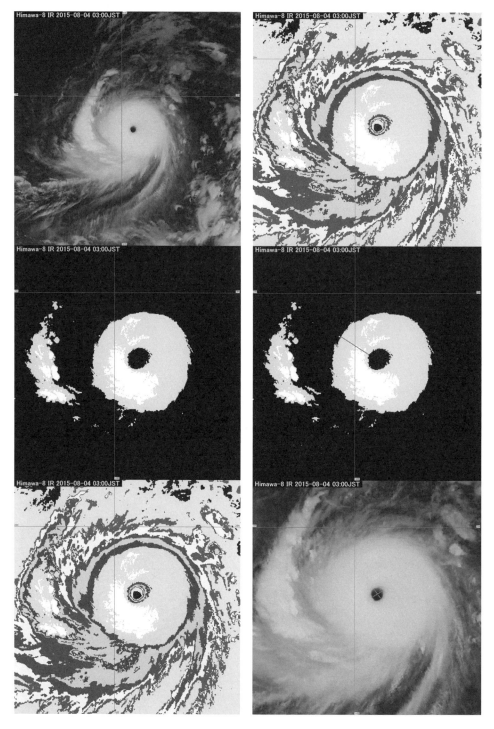

図 4.40　EYE パターンの DT 数の解析方法
①強調赤外画像で眼を1周するもっとも輝度温度の冷たい階調を決める（右上、左中）
②その階調の最狭幅を計測し、フローチャート「2C」（図4.35参照）の輝度温度と最狭幅の両方の条件を満たす階調及び最狭幅から「E数」を算出する。
③眼階調及び眼を1周するもっとも輝度温度の冷たい階調と眼の大きさや形状から「眼調整数」を求め、「E数」に加算して「CF数」を算出する（左下、図4.35参照）
④「CF数」に「BF数」を加え、DT数を算出する（図4.35参照）

表 4.1 MET 数の変化傾向の特徴

パターン	発達（衰弱）の特徴
Band（バンド）	湾曲したバンドが長く（短く）なった
	湾曲したバンドの輝度温度が冷たく（暖かく）なった
Shear（シアー）	湾曲した下層雲列による CSC が明瞭（不明瞭）になった
	CSC が濃密な雲域に近づいた（離れた）
Eye（眼）	眼が現れた（消滅した）
	眼が CDO の幾何学的中心に近づいた（離れた）
	眼の温度が暖かく（冷たく）なった
	眼が円く明瞭（ぎざぎざで不明瞭）になった
	眼が小さく（大きく）なった*
	CDO の温度が冷たく（暖かく）なった
	CDO が大きく（小さく）なった*
	CDO の上面が滑らか（でこぼこ）になった
	CDO の外縁が円く滑らか（ぎざぎざ）になった
	BF 数の特徴が増した（不明瞭になった）
EMBED（エムベド）	CSC が CDO の幾何学中心に近づいた（離れた）
	CDO の温度が冷たく（暖かく）なった
	CDO が大きく（小さく）なった*
	CDO の上面が滑らか（でこぼこ）になった
	CDO の外縁が円く滑らか（ぎざぎざ）になった
	BF 数の特徴が増した（不明瞭になった）

注：*の特徴については、反対の傾向を示す場合があるので注意が必要
　　円形度が高く、暖かく、また眼が「小さく」なるのは発達を示唆するが、不明瞭になりながら「小さく」なる場合は衰弱を示唆する

なおドボラック法の詳細については、「気象衛星画像の解析と利用　熱帯低気圧編　気象衛星センター（平成 16 年 3 月）」を参照願いたい。

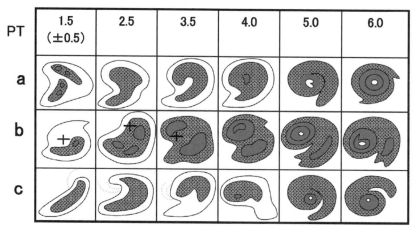

図4.41　PT図（PTチャート）

MET数に該当する強度のPTチャートの模式図と現在の雲域を比較して、現在の雲域の特徴が模式図とほぼ同じ場合は調整せず（±0.0）、現在の雲域の特徴が模式図より発達している、または衰弱していると判断した場合は、±0.5の範囲で調整する。なお、PT図の網かけ部分が現在の雲域で「W」階調、またはそれより輝度温度の低い階調の場合は、更に＋0.5の調整ができる。また、MET数が6.5以上の強い台風の場合は、必ず眼パターンのため対応するPT図は省略している。（基本的に調整は0.0）

急衰弱期には標準的なPT図と合わない場合があり、この場合は「−0.5」調整を行い、最終T数としてはPT数を採用しない。

図中左側の「a」、「b」、「c」の判断の目安は以下のとおりである。
　　a：バンドパターンから眼パターンに発達する場合の模式図
　　b：Cbクラスターパターンから眼パターンに発達する場合の模式図
　　c：シアーパターンから眼パターンに発達する場合の模式図

4-6　冬型の雲

4-6.1　冬の日本海側の雪―山雪型と筋状雲

　冬季になり日本列島の東海上で低気圧が発達し、シベリア大陸から寒気を伴った高気圧が張り出すと、いわゆる西高東低の冬型の気圧配置が強まる。

　上空の寒気の流れを説明する場合500hPaの高層天気図が用いられることが多い。図4.43に500hPa高層天気図の等高度線と冬型が強まった2009年1月2日09時の可視画像とを示す。図4.43では日本海付近の5,400mの等高度線（日本海西部から近畿地方を通る太実線）をはさんで高度60m毎に書かれた等高度線は、北西から南東方向に並び、上層では地上との摩擦がないため風向は等高度線に沿って平行に吹くため、地上に吹き渡る北西からの季節風と同じ北西からの風となる。

　このように地上から上空5,400mにかけて、風向が揃うような時は、下層からの上昇気流が抑えられ、鉛直方向に発達する雲ができにくい。

　衛星画像では日本海に背の低い筋状雲があらわれ、日本海側の沿岸では、雨や雪を降らせても量は多くないものの、日本海側の山岳部を中心に大雪となる。

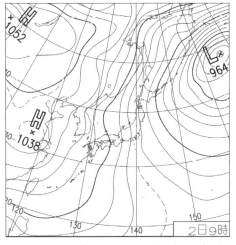
図 4.42　2009 年 1 月 2 日 09 時　地上天気図
冬型（山雪型）

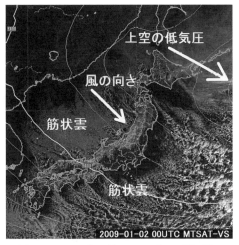
図 4.43　2009 年 1 月 2 日 09 時　可視画像
実線：500hPa の等高度線
日本海、太平洋に筋状雲が見える。

4-6.2　山雪型のメカニズム

　日本海の海水温は、対馬暖流の影響で沿岸では 15℃以上と高く、陸地においても海岸付近は気温が比較的暖かいため、大陸から吹いてくる冷たい北西の季節風（気温は水温より 10 度以上低い）が、日本海の上空を通過するとき、大陸側より日本列島の沿岸の方が海水温度が高いことから、海水温度とその上の気温との差が風下側で大きくなる。背の低い積雲は、日本海の上を吹き進むうちに海上から湯気のように立ち上る水蒸気をたっぷり吸収して、徐々に背の高い積雲に変質して、湿った雨雲や雪雲となって沿岸に達する。

　さらに日本列島に背骨のように延びる山脈（脊梁山脈）にぶつかると、強制的に持ち上げられ、強い上昇流によって発達した積乱雲に変わることで、日本海側の山岳部に大量の雪を降らせるシステムができる（図 4.44）。

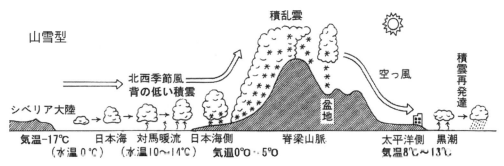
図 4.44　山雪型のモデル図「(改訂版) NHK 気象ハンドブック」より、一部改変

この雪を降らせるシステムは、言ってみれば、暖かい日本海の水をバケツですくって、日本海側の山脈で上昇して雪に変えたバケツをあけ、乾いた空気を太平洋側に運び込むようなものと言える。

このときの地上天気図は、等圧線が縦に狭い間隔で並ぶパターンで、平野部よりも山岳部にたくさん雪が降ることから「山雪型」と呼ばれる。

4-6.3 里雪型の天気図の特徴

「山雪型」とは逆に「里雪型」は平野部に多くの雪が降るパターンで、図4.45や図4.47の地上天気

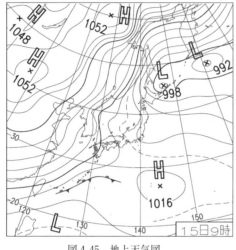

図4.45　地上天気図
2011年1月15日09時

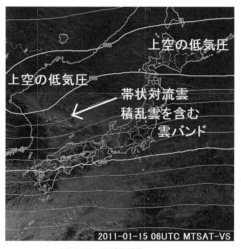

図4.46　可視画像
2011年1月15日15時
実線：500hPaの等高度線

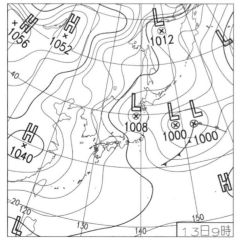

図4.47　地上天気図
2009年1月13日09時

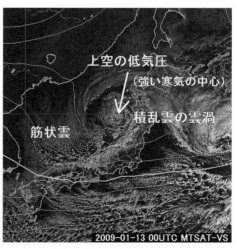

図4.48　可視画像
2009年1月13日09時
実線：500hPaの等高度線

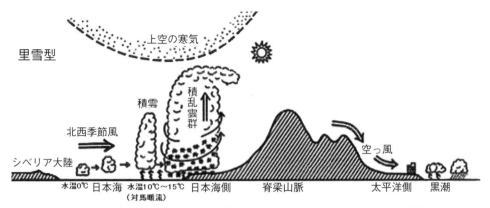

図 4.49　里雪型のモデル図「(改訂版) NHK 気象ハンドブック」より、一部改変

　図のように里雪型は冬型の気圧配置が強まる前に、日本海で等圧線が袋状に曲がって、気圧の谷となっていたり、日本海に低気圧があったりする場合である。

　このときの 500hPa 高層天気図では、上空に冷たい空気が入って、上空 5,400m 付近に、大雪の目安になっている −36℃以下の寒気が入っている中に、もっと冷たい −42℃といった強い寒気を伴った低気圧が日本海に入っているのが大きな特徴となっている。

　このような気圧配置になると日本海で水蒸気や熱を補給した空気は山脈で上昇する前に沿岸の暖流の上で積乱雲として発達する。

　図 4.46 の 2011 年 1 月 15 日 15 時の可視画像では、日本海に発達した帯状の積乱雲を含んだ雲バンド(帯状対流雲)が現われたり、図 4.48 の 2009 年 1 月 13 日 09 時の可視画像では、上層に寒気を持った寒冷低気圧のもとで大気が不安定となって発生する雲渦(積乱雲)が明瞭となっている。

　この積乱雲でできた雲渦は発達して日本海側の沿岸に達すると、暴風や落雷、突風、竜巻、大雪などを伴い大荒れの天気になるので厳重な警戒が必要となる。

　このような冬型を「里雪型」と呼び山岳部よりも平野部に大雪が降ることから交通機関の混乱などにも注意が必要だ。

4−6.4　冬の登山に注意

　冬の登山では 500hPa の高層天気図で、偏西風の流れ方や数値予想図や衛星画像で寒気の動きをしっかり監視していくことが重要である。

　当然ながら山雪型でも冬の登山は注意が必要であるが、里雪型の気圧配置になると予想される場合は、2,000m を超える山への登山は危険を伴うことがより大きくなる。

　気温は標高 3000m 付近で −20℃を下廻り、風も 20m/s 以上が予想され、なおかつ寒気が長続きして身動きがとれなくなってしまう恐れがある。

　また「山雪型」と異なり、低気圧の通過に伴い日本海沿岸から離れた山でも大雪になることがある。

しぐれ（その1）

　図1は2005年9月15日09時の赤外画像とレーダー画像を重ね合わせた図、図2は同時刻の地上天気図である。

　東北地方を東進した低気圧は北海道の東海上に進み、朝鮮半島に中心を持つ移動性高気圧が日本付近を覆っている。ちょうど冬型の気圧配置に移行する場となると日本海を渡る風は乾燥した空気だが、北または北東の風となって吹送する間、対馬暖流の影響で水蒸気を大きく補給する。すると北緯37度付近から小さい積雲に姿を変え、やがて陸地に接近すると発達した積雲となって若狭湾から西の地方では沿岸部を中心に、にわか雨が降ることになる。

　この現象が「しぐれ」と呼ばれ、晴れ間も出るが山陰地方の地形の特徴で、海岸から近いところに山が並ぶことから、斜面上昇流により所々で積雲が発達し雨の降り方が強まることもある。

　北風の吹く季節は、しぐれるのが常識となっていることから、丹後をはじめとする山陰地方では「弁当忘れても傘忘れるな」という言葉がある。

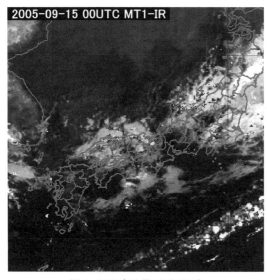

図1　2005年9月15日09時
赤外画像とレーダー画像

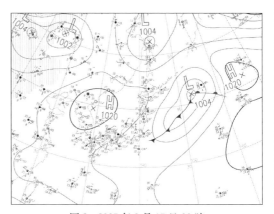

図2　2005年9月15日09時
地上天気図

しぐれ（その2）

　生活に密着した言葉である「しぐれ」については、丹後や若狭に古代朝鮮半島から日本に渡来して住み着いた帰化人が多かったことから、朝鮮古語に「しぐれ」の源流があるという説もある。
「しぐれ」の調査をライフワークとしている気象庁OBの岡野光也氏の調査では、韓国の金思燁の著書「記紀万葉の朝鮮語」（1975年六興出版、1998年明石書店復刊）に「し」は「ザ」（繁、しばしば）「くれ」は「クッ」（天気が不順になる）と一致し、語義は「しばしば天気が悪くなる」で、同じ著者の「古代朝鮮語と日本語」によると「しぐれ」は、chi：風が強く吹く、kul：雨や風が吹き荒れる、の意味という。
　5～6世紀期頃の奈良時代、これらの帰化人たちは時の権力者たちに重用され、奈良盆地に住み着いたという。以後、奈良盆地で詠まれたしぐれの歌の数は、非常に多い。

　奈良山の　峰のもみぢ葉　取れば散る　しぐれの雨し　間なく降るらし
　　　　　　　　　　　　　　　　　　　　　　鍾礼能雨師　　無間零良志

しぐれ（その3）

　しぐれを漢字で「時雨」と書くが、広辞苑によれば「過ぐる」から出た語で、通り雨の意＝秋の末から冬の初め頃に、降ったりやんだりする雨の意とされている。まさに時の雨と書いた古の知恵は言いえて妙なるものかと思う。
　京都の北山に降るにわか雨を「北山時雨」と言う。京都府の地形から北方の船岡山・衣笠山・岩倉山・小倉山をわずかに過ぎるところまで積雲による雨が降るが、山を過ぎると積雲は京都盆地で下降流となって消散する。紅葉の名所と知られるとともに時雨に出会え、趣のある静けさが残る嵯峨野は古の歌人たちにも好まれ、藤原定家（鎌倉時代初期・1162～1241）が小倉百人一首を選んだ小倉山の中腹に位置する常寂光寺の山荘は「時雨亭」と呼ばれた。また、俊成・定家に始まる和歌の冷泉家に伝わる古文書類を保管する財団は「冷泉家時雨亭文庫」と名付けられている。それらに関係してか、定家が眠る京都の相国寺、承天閣美術館には「時雨」と銘の入った志野茶碗（重文）が遺されている。

さらに「山雪型」から「里雪型」に変化することもあり、その逆もあるので最新の気象情報に注意する事が大事である。

4-7　北東気流の下層雲

東日本や西日本を中心にして見たとき、北方の気圧が高く南方の気圧が低くなっている気圧配置を北高型*という。一般に、高気圧の中心が北緯40度付近から北にあり、日本列島を高気圧が北から覆うような気圧パターンとなる。（図4.50）

*北高型の気圧配置：それぞれの地方から見て高気圧が北の方にありその地方の南に低気圧や前線がある気圧配置

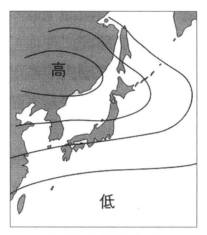

図4.50　北高型の模式図

高気圧の中心は北日本にあってもよく、また大陸の高気圧が北日本に張り出しているような場合も北高型とされる。東・西日本での等圧線が東西走向になっていることが特徴であり、北高南低型とも呼ばれる。本州の南岸沿いに前線が存在することもあり、東・西日本の南岸沿いで曇りや雨となる。

北高型の場合に、高気圧の中心が東北北部や北海道にあると、高気圧に覆われる北日本はおおむね晴れるが、高気圧の南縁にあたる本州南岸では雲が多く、とくに関東地方では南岸に局地的な前線が停滞して、曇雨天が持続する。

4-7.1　梅雨型の北東気流

ベーリング海やオホーツク海に中心を持つ高気圧に覆われる場合、高気圧の南側にあたる東日本には、高気圧の縁辺の冷湿な「北東気流」（予報用語：大気の下層に流れ込む寒冷な東よりの気流で曇りや雨になることが多い。主として、関東地方を中心に用いられる。）が流入する。とくに、春から夏にかけての梅雨期に出現する北高型は、「梅雨型」*の気圧パターン（図4.51）といわれる。

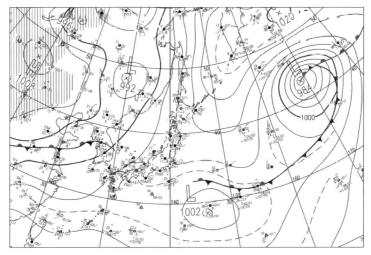

図 4.51　梅雨型の地上天気図　2007 年 7 月 19 日 09 時

* 梅雨型の気圧配置：オホーツク海方面にオホーツク海高気圧、日本の南に太平洋高気圧があって、日本付近に前線が停滞する気圧配置

　500hPa 天気図（図省略）で偏西風の蛇行が大きいときに発生し、日本の東海上の大気最下層に低温で湿潤な気団が形成され、冷たく湿った東よりの風（北東気流）が持続する。

　これは東北地方の太平洋側を中心に「やませ」（予報用語：春から夏に吹く冷たく湿った東よりの風。東北地方では凶作風といわれる。）と呼ばれ、東北地方に冷害をもたらす凶作風である。
「やませ」となるときの可視画像（図 4.52）を見ると、奥羽山脈など、東北地方を東西に分ける脊梁山脈にせき止められる形に、等高度線に沿う下層雲（霧、層雲、層積雲）が明瞭に見える。

4-7.2　沈降逆転層の下にできる下層雲

　高気圧圏内では下降気流があり、上空の空気（温位が高い）が断熱的に下降するにつれ周りの気圧は上がってくるので、下降気流の最先端では、断熱圧縮により気温が上昇する。そのため、それより下層に滞留した冷たい空気層があると、その間に逆転層が形成される。これを沈降性逆転層と呼ぶ。

　沈降逆転層の上では乾燥した空気により成層安定となっている。逆転層があると、工場の煙などが成層な安定層を突破できず、下層に溜まって光化学スモッグが発生する時と同様に、冷たく湿った東よりの風「やませ」が流入して発生する霧や層雲などは、脊梁山脈にせき止められ、と同時に成層な安定層に蓋をされる形になって、地形に沿って広がる。しかし、脊梁山脈の日本海側は、山越えの乾燥した下降気流の場となるため晴天となる。（図 4.52）

・北高型の天気図の特徴：寒気に覆われる内陸側にメソ高気圧ができることから、北日本と東日本の太平洋側にかけての領域には気圧の高い部分が（くさび状に）のびる。
・霧：三陸沖の海上で相対的に温度の高い海面から水蒸気が補給され、大気最下層が湿潤となるため、

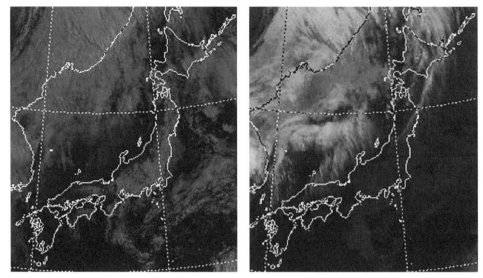

図 4.52　梅雨型の可視画像（左）、赤外画像（右）2007 年 7 月 19 日 09 時

北日本から関東地方にかけての太平洋側では、広範囲にわたって霧または層雲が発生する。

　図 4.52（左）の可視画像で地形に沿って白く見える雲域は、海面の温度と霧または層雲や層積雲の放射温度が近いことから、図 4.52（右）の赤外画像では暗く（黒く）見えるのでこの部分が霧または層雲とわかる。

・低温に関する気象情報：北日本や東日本の太平洋側で、北東気流が長期間継続し、「やませ」による下層雲が持続するとき、低温と日照不足により冷害（7～8月を中心として暖候期の低温によって農作物に起こる災害）をもたらす。

　このような状況が予想されるときや、すでにこの状況が続いている場合には、地元気象台から「低温と日照不足に関する○○地方気象情報」や「異常天候早期警戒情報*」が発表される。

* 異常天候早期警戒情報：情報発表日の 5 日後から 14 日後までを対象として、7 日間平均気温が「かなり高い」または「かなり低い」、あるいは 7 日間降雪量が「かなり多い」となる確率が 30％以上になると予測していた場合に発表する情報

4-7.3　冬型の気圧配置で発生する関東地方の北東気流

　関東地方の北東気流は、2 種類があり、一つは梅雨型の北東気流で、もう一つは低気圧が寒冷前線を伴って本州を通過し、一時的に西高東低の冬型となって、北高型と同様に高気圧が北に偏って張り出す気圧パターンとなる冬型時の北東気流がある。

　寒冷前線の南下後、脊梁山脈南端の東北南部から流れ出る北西の風が、東海上で（メソ高気圧ができ）風向を変え、北東の風となって関東沿岸に入る。このとき中部山岳を北と南に迂回した北西の風が南西の風となって回り込んで、関東沿岸でぶつかり対流雲のシアーラインを形成する。

この下層の寒気層に乗り上げてできる南西からの上昇流により、シアーライン北側に下層雲が増大して関東沿岸部が曇りや雨となる現象である。このシアーラインを形成する積雲を「ナライの土手*」、シアーライン北側に発生する層積雲を「忍者雲」と呼ぶことがある。

*ナライの土手：八丈島を中心に使われる言葉で、「ナライ」は「北東」を意味する言葉。衛星画像で明瞭なCuラインを形成する「ナライの土手」は、その両側に吹く風の向きが180度変わるため、船舶の航行には注意が必要となる。

4-7.4 冬型時の北東気流の構造

冬型時の北東気流型とは、東日本の地形が大いに関与したメソスケールの現象といえる。気圧配置が西高東低型で太平洋側が晴ベースのとき発生する。図4.53は冬型時の北東気流型の模式図、図4.54はこのときの地上風の流れを示した図である。

西高東低の気圧配置となって、高気圧が北緯40度付近に中心を持って北から覆うとき、宮城県沖の海上に次第にメソ高気圧が現われる。西高東低型で吹く風は、脊梁山脈を越えるときは北西の風となっているが、東海上で冷湿な気塊となって、高気圧循環に北東の風に変わり関東地方の沿岸に流れ込む。また、中部山岳を迂回して吹く北西風は、地形の影響で西または南西の風となる。このため、関東地方に着目すると、駿河湾付近から八丈島の北側にのびるシアーラインができ、関東地方の沿岸部には沈降逆転層の下に下層雲が発生する。このとき発生する下層雲は、北東気流が持ち込んだ湿った空気が、シアーラインの北側に滞留する寒気の上を滑昇する南西風（上昇気流）によって発生する積雲が、沈降逆転層のため頭を抑えられ、平面的に広がるため層積雲となる。

参考として図4.55にメソ天気系概念モデルを図示する。

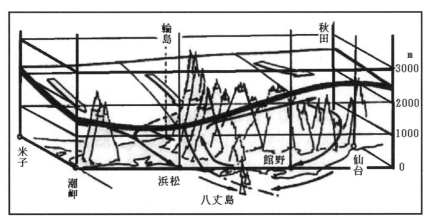

図4.53　冬型時の北東気流の模式図
太線：沈降逆転層。白抜き矢印：逆転層上の気流。矢印付実線：逆転層下の気流。
御前崎上空斜めの実線と伊豆諸島の鎖線は風の収束線（シアーライン）

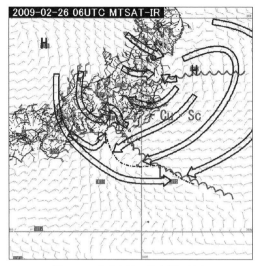

図 4.54　北東気流の地上風の流れ
水色矢羽：GSM の地上予想風　黒矢羽：アメダスの風
白抜き矢印：地上風の流れ　鎖線：シアーライン

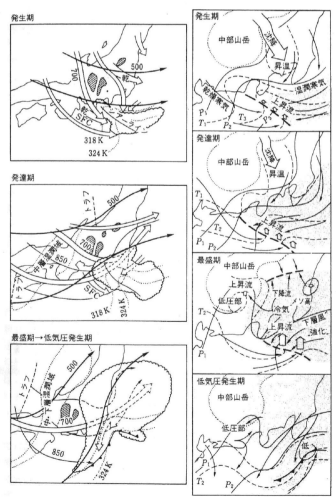

図 4.55　関東南海上に発生するメソスケール低気圧のメソ天気系概念モデル（気象庁）

4-7.5 北東気流の事例

図4.56は、2009年2月26日09時の地上天気図、図4.57は、26日15時の地上天気図、図4.58は、26日09時の可視画像、図4.59は、図4.58にGSMの地上気圧の等圧線（0.4hPa毎）と地上風予想を重ねた図である。

2月26日09時、発達した低気圧は本州のはるか東海上にあり、高気圧が日本付近に張り出してきて、冬型の気圧配置になっている。しかし、6時間後の2月26日15時の地上天気図（図4.57）では、日本海に中心を置く高気圧が関東地方から見ると北高型に張り出している。

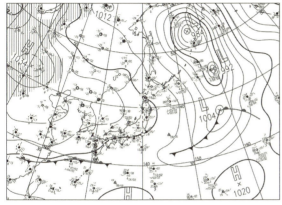

図4.56 地上天気図 2009年2月26日09時

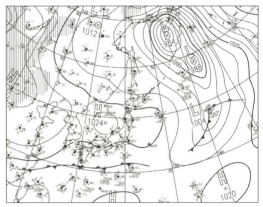

図4.57 地上天気図 2009年2月26日15時

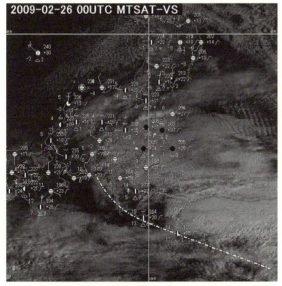

図4.58 関東付近を拡大した可視画像
2009年2月26日09時
鎖線：シアーライン

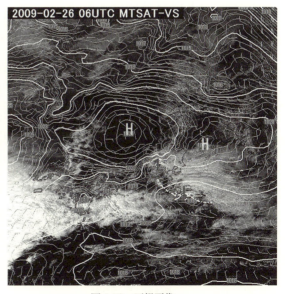

図4.59 可視画像
2009年2月26日15時
鎖線：シアーライン
白実線：等圧線 0.4hPa毎。
矢羽：地上風1本10ノット、半分5ノット

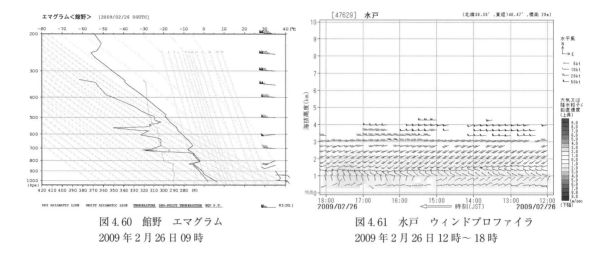

図 4.60　館野　エマグラム
2009 年 2 月 26 日 09 時

図 4.61　水戸　ウィンドプロファイラ
2009 年 2 月 26 日 12 時～18 時

同時刻の可視画像に GSM の地上気圧の等圧線（0.4hPa 毎）と地上風予想の重ね図（図 4.59）では、地上風の流れの模式図と同じく、駿河湾から八丈島付近にのびるシアーラインが明瞭で、このシアーラインの北側に広がっている層積雲（Sc）が関東地方の内陸に広がっている。

図 4.60 の館野エマグラム、図 4.61 の水戸ウィンドプロファイラから、沈降性逆転層の高さは 700hPa（3,000m）付近で、それ以上の高さに西風の入る乾燥域があり成層をなしていることから、下層の北東気流の上に南西風が乗り上げて発生する層積雲（Sc）や高積雲（Ac）の高度は、800hPa（1,600m）付近から 700hPa（3,000m）以下の間の飽和領域に対応している。

一般に北東気流型の低気圧発生期は、東経 140 度をトラフが通過する時期と一致しており、沈降逆転層の位置が上昇し、雲の厚さが変化し雨が降る。北東気流型の末期においては、蓋となっていた上層の成層安定な状態がなくなり、積雲が発達するためまとまった雨が降ることになる。

このため 2 月 26 日の 24 時間降水量は熊谷、静岡共に 0.0mm で北東気流型の降水の特徴が示されていたが、北東気流型の末期となった翌 27 日の 24 時間降水量は熊谷で 6mm、静岡で 6.5mm が記録されている。

北東気流で関東南岸に発生する Sc 域は、その振る舞いが神出鬼没であることから「忍者雲」と呼ばれている（新聞記者が名づけ親）。北東気流は太平洋側が晴れベースのとき発生するので、予報者泣かせの現象といわれてきた。現在では、数値予報でシアーラインの発生や、下層の湿りや降水がある程度表現されることから、「忍者雲」Sc の発生は予想が可能となっている。しかし、曇る範囲などのちがいから気温予想に誤差を生むなど、いまでも予報者泣かせとなっている。

第5章　集中豪雨と大雪の事例

5-1　集中豪雨と土砂災害　平成26年8月豪雨・広島の事例

　局地的な大雨災害は、常に積乱雲が次々と同じ場所に発生して、短時間に集中した豪雨によることが多い。積乱雲の発達する状況は、ひまわり8号の2.5分ごとの可視画像を動画で見るとわかりやすい。火山の噴煙のごとく、一挙に積乱雲が発達上昇する様子は、日々の天気予報の中で映し出されのがあたり前となったが、夜間の赤外画像ではどのように見えるのか知っておくことも大事である。

　この章では、ひまわり8号の画像で見る他に、レーダー画像や、解析雨量などを合わせて監視することで、大雨・洪水警報や土砂災害警戒情報の発表にどう対処すべきか、防災の知識として重要な問題を記述する。

　気象庁は2013年の島根県と山口県（7月、前線と暖湿流）、伊豆大島（10月、台風第26号）などの積乱雲に伴う局地的な豪雨による災害の発生を受け、降水短時間予報や降水ナウキャストなど大雨の予測に使用してきた水平格子間隔5kmのメソモデル（Meso Scale Model：以下、MSM）に加え、水平格子間隔2kmの非静力学局地モデル（Local Forecast Model：以下、LFM）を導入し、時空間規模の小さい現象をより精度良く予測し、より高頻度かつ迅速に提供する改善を進めてきた。

　また、広域の土砂災害予測には積算雨量や実効雨量よりもタンクモデルの有効性が高いことから、解析雨量を使った「土壌雨量指数」を導入し、従来の積算雨量方式による大雨警報発表基準を見直し、「先行降雨による地盤の緩みを加味」「危険な程度を区別」「危険な領域を絞り込む」ため1時間降水量または3時間降水量と「土壌雨量指数」を基準値として、各市町村単位の大雨の注・警報基準を設定するとともに土砂災害警戒情報を発表するなど、土砂災害に関する防災情報の高度化を図ってきた。

　現在は、これらの数値予報モデルの改善とマルチパラメータレーダー（MPレーダー）、国土交通省Xバンドレーダー（XRAIN）と気象ドップラーレーダーなどのレーダー網の新技術が使われ、高解像度降水ナウキャストによる250mの格子間隔での10分おき1時間後までの予測や、降水短時間予報などを利用し、大雨警報や注意報・情報などが気象台から発表されるようになっている。

5-1.1　大雨と土砂災害

　2014年8月20日朝にかけて広島市では広範囲にわたって土石流など土砂災害が発生し、死者74人の大きな災害が発生した。これは一つの市の災害としては1982年7月の長崎豪雨以来である。原因としては、日本海に停滞する前線に向かい、広島県では暖かく湿った空気が流れ込み、大気の状態が非常に不安定となっていたため、同じ場所で次々と積乱雲が発生し、豪雨が集中するバックビルディング現象（P.224参照）が起きたのが原因とみられている。以下にこの災害についての特徴をまと

解析雨量

　レーダーは雨粒から返ってくる電波の強さにより、面的に隙間のない降水量が推定できるが、雨量計の観測に比べると精度が落ちる。両者の長所を生かし、レーダーによる観測を雨量計による観測で補正すると、面的に隙間のない正確な雨量分布が得られる。レーダーで推定した降水量を雨量計のデータで補正して作られた面的に隙間のない正確な雨量分布を解析雨量と呼ぶ。現在は、国土交通省水管理・国土保全局、道路局と気象庁が全国に設置している26箇所のレーダーと全国約1,300箇所のアメダスと国土交通省などの雨量計約9,000箇所を使って解析し、1km四方の細かさで30分ごとに降水量分布が作成されている。

　解析雨量は10分値により10分間解析雨量が作成されているが、気象庁ホームページではこの値を積算した1時間解析雨量の30分ごとの図となっている。たとえば、9時の解析雨量は8時〜9時、9時30分の解析雨量は8時30分〜9時30分の1時間雨量となっている。

　図は2014年8月20日1時から4時の3時間積算解析雨量図だが、1kmメッシュの解析雨量を利用すると、雨量計の観測網にかからないような局所的な強雨も把握することができるので、的確な防災対応に役立つ。

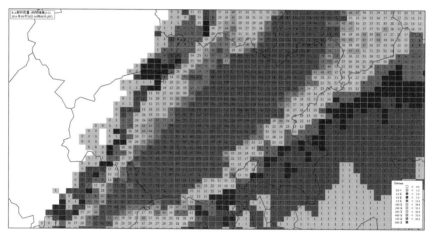

解析雨量図　（2014年8月20日1時から4時の3時間積算雨量）（気象庁提供）

める。

5-1.2　広島市での土砂災害の特徴

　大雨による災害発生の前日、2014年8月19日21時26分に大雨警報が発表された。引き続いて2014年8月20日午前1時15分には土砂災害警戒情報第1号が発表され、その後、警報の切り替え発表とともに土砂災害警戒情報は第5号まで発表された。

　また、指定河川洪水予報の根谷川はん濫警戒情報と洪水警報が20日午前3時20分に発表となり、根谷川はん濫発生情報が午前4時20分に発表された。また、災害発生の重大さを伝えるため、「大雨と落雷に関する広島県気象情報」は19日22時28分に第1号が出され20日午前11時50分にかけて4号まで出された。

　そんな豪雨の最中、8月20日午前3時49分には広島県記録的短時間大雨情報*第1号もが発表された。広島県の発表基準は1時間に110mmで、この日は解析雨量でこの値を超え、土壌雨量指数は過去23年間の最大値を超えるまでに達した。

*記録的短時間大雨情報：大雨警報を発表中に、数年に1回程度しか起こらないような記録的な1時間雨量をアメダスで観測、または解析雨量で解析したときに発表される。

　表5.1に示したアメダスの観測データでは、広島市安佐北区三入で午前4時00分の1時間降水量101.0mmが観測された最大値となっている。また、同日の3時間降水量の日最大値は217.5mm、24時間降水量の日最大値は257.0mmで、観測史上1位の記録となり、平年の8月1カ月分を上回る雨量が観測された。

　この大雨の影響で、8月20日朝にかけて広島市では広範囲にわたって土石流など土砂災害が発生し、死者74人の大惨事となった。

　地すべり災害は過去に地すべりを起こした場所で再発する、いわゆる「地すべり地形で起きた地すべり変動」がしばしば起こる。そのため過去に地すべりを起こした斜面「地すべり地形分布図」をあらかじめ知っておけば防災マップとして経験を生かすことができる。

　にもかかわらず大きな災害となったのは、市内の八木地区付近は、市街地の開発に余裕がなくなり、郊外の山寄りの土地を住宅地として開発したばかりに土石流に襲われる結果になったと思われる。

　2013年の気候変動監視レポートによれば、1時間降水量80mm以上、日降水量400mm以上の日数は統計的にいずれも増加傾向にあることが示されている。

「まさかこんな大雨が降るとは思っていなかった。」という声も聞くが、今回の広島市のようにこれまでその地域に大雨が降らなかったから大きな気象災害にならなかっただけのことで、過去に災害がなかったからといって、必ずしも安全につながるわけではないということを肝に銘じておかねばならない。

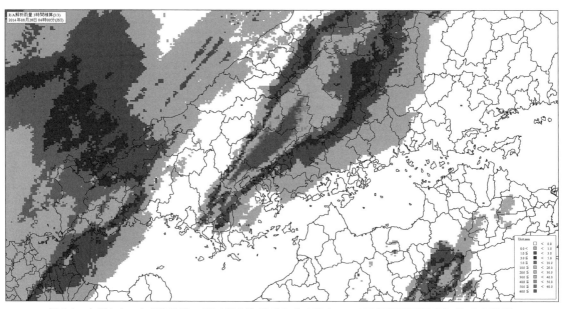

図5.1　大雨となった広島付近の2014年8月20日午前4時までの3時間積算解析雨量（気象庁提供）

表5.1　観測表　（広島地方気象台　気象速報）

日最大1時間降水量40mm以上の地点（8月19日11時～8月20日9時現在、多い方から）

市町名	地点名（よみ）	値（mm）	起時
広島市安佐北区	三入（ミイリ）※	101.0	8月20日　04：00
山県郡北広島町	都志見（ツシミ）	70.0	8月20日　01：01
安芸高田市	美土里（ミドリ）	47.5	8月20日　02：18
広島市中区	広島（ヒロシマ）	46.5	8月19日　22：14

極値更新表（8月20日　12時現在）
8月19日～20日にかけて、降水量に関する統計の極値更新があった地点（統計期間10年以上）

要素名	市町名	地点名	値（mm）	起時	統計開始年
日最大1時間降水量	広島市安佐北区	三入（ミイリ）※	101.0	8月20日04時00分	1976年
日最大3時間降水量			217.5	8月20日04時30分	
最大24時間降水量			257.0	8月20日12時00分	

※三入地域気象観測所では、20日02時50分～03時00分の間、落雷による機器障害のため、降水量が一時的に欠測となったが、この間の観測データに問題がなかったことが判明したため、復元した。この気象速報には復元後のデータを掲載している。

降水ナウキャスト

　主として初期時刻の詳細な実況の補外を基本として1時間先、3時間先程度までを予測する短時間予報をナウキャストと呼ぶ。ナウキャスト（nowcast）という用語は、now（現在）とforecast（予報）を組み合わせた造語である。

　発達した積乱雲の下では、急な強い雨、激しい突風、落雷等の激しい現象が発生する。激しい雨が降り出してから30分以内に中小河川の増水や浸水などの被害が発生するような都市型災害に対し、30分ごとに出力される降水短時間予報では十分対応できるとはいえない。このような災害に対しては、時間的・空間的に高解像度の予測が可能とされるレーダー・ナウキャスト（降水・雷・竜巻）が有効とされてきた。

　レーダー・ナウキャストのひとつである降水ナウキャストでは5分刻みに1時間先までの降水強度分布を予測し、5分ごとに更新している。たとえば、9時のレーダー観測後の9時3分頃には、9時5分、10分、15分、… 10時00分までの各5分間降水強度予想が発表される。観測時刻から3分以内に配信されるので、実況に合わせた素早い予想ができる。

　予測技術は基本的に降水短時間予報と同じだが、雨量換算係数は1時間程度の短時間では大きく変化しないと仮定して、予報値を作成する移動ベクトルは降水短時間予報で算出したものを利用し、降水域の発達・衰弱や地形性降水を考慮しないなど、計算を簡略化した単純補外手法が用いられる。

　このように処理を簡略化しているために、降水短時間予報に比べて精度は劣るが、その弱点を補うために気象レーダーの観測が行われる5分ごとに予測を更新し、ほぼリアルタイムに近い降雨の状況を予測に反映させている。積乱雲のように急速に発達・衰弱する現象も初期値に取り込んで予報に反映でき、短時間強雨の実況監視と予想に役立てられている。

　図は降水ナウキャストの発表例で、降水短時間予報と同じように気象庁のホームページで見ることができ、雷ナウキャスト、竜巻ナウキャストと切り替え表示することもできる。なお、ホームページの降水ナウキャストでは、気象レーダーによる5分ごとの降水強度分布観測と、降水ナウキャストによる5分ごとの60分先までの降水強度分布予測を連続的に表示している。

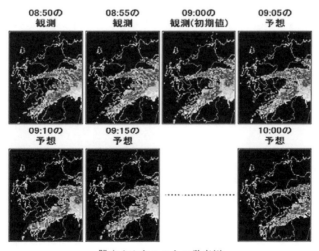

降水ナウキャストの発表例

5-1.3　平成26年8月豪雨の気象解析

　梅雨前線による大雨、発達した低気圧や台風による大雨、大雨の原因はいろいろあるが、これらの大雨に共通する要因として、日本列島への暖かく湿った空気（暖湿流）の断続的な流入がある。2014年の7月末から8月中旬、太平洋高気圧の勢力中心は本州南東沖にあって、西日本方面への張り出しが例年よりも弱かった。

　このため、西日本は例年に比べて台風の通過経路となりやすく、また、南方から暖湿流が流れ込みやすい状況が断続的に続いていた。さらに上空の偏西風は、7月末から8月上旬は北偏してモンゴルから北海道の北付近を流れていたが、8月中旬は日本の西側、中国沿海部付近で南に、北海道東方沖で北にそれぞれ蛇行する「西谷」が続き、大気が不安定となりやすい状態が続いた。

5-1.4　広島豪雨の要因と気象概況

　7月下旬に発生した台風12号は、偏西風が弱いためゆっくりと北上を続けた。このとき台風からの暖湿流と太平洋高気圧の辺縁部を回る暖湿流が合流しながら日本列島に流れ込み続ける状態となり、降水帯の連続的な通過が目立った四国太平洋側を中心に大雨が降った。同様の状況で、8月上旬に接近した台風11号もゆっくりと北上したが、10日に四国に上陸した頃から偏西風は南下して台風が速度を速めるなど、状況は変化を見せていた。しかし、前線（秋雨前線）が西日本の日本海側から北海道・東北付近にかけてのびて停滞、暖湿流が流れ込みやすい状態が継続し、前線の付近では断続的に大雨が降った。

　8月中旬は、偏西風の蛇行により西谷の状態が続き、降水帯の連続的な通過に伴い日本海側を中心とする東北地方や岐阜、京都、広島などで局地的な大雨となった。19日〜20日にかけては、図5.2の地上天気図（左）と赤外画像（右）に示したとおり、日本海に停滞する前線に向かい、広島県では暖かく湿った空気が流れ込み、大気の状態が非常に不安定となっていたため、赤外画像に見える前線の雲の帯の中で白く際立つ積乱雲の雲の塊が次々と発生し、8月19日深夜から20日未明にかけて局地的に半日で200mmを超える集中豪雨となった。

　図5.3の毎時レーダー図を見ると広島市北部付近では、同じ場所で次々と積乱雲が発生し、幅の狭い領域に豪雨が集中する様子がわかる。これは、図5.4に示したバックビルディング現象が起きたのが原因とみられている。この現象は地形が関係しており、九州と四国の山地間にある豊後水道を抜けた暖かい湿った空気が、山際にぶつかって上昇することで積乱雲が発生、停滞した前線の南側に伸びる「湿舌（しつぜつ）」の湿った空気層にぶつかって積乱雲はさらに発達した。

　図5.5の20日午前3時の解析雨量図では、幅の狭い帯状のエコーが長さ約100キロにわたって並び、温度の低い雲ほど白く表現される。図5.6の20日午前3時の赤外画像では、雲頂の高い積乱雲が発達できる高さの限界の上空16キロ付近で平らに広がり、午前3時ごろには広島県全体が白い円

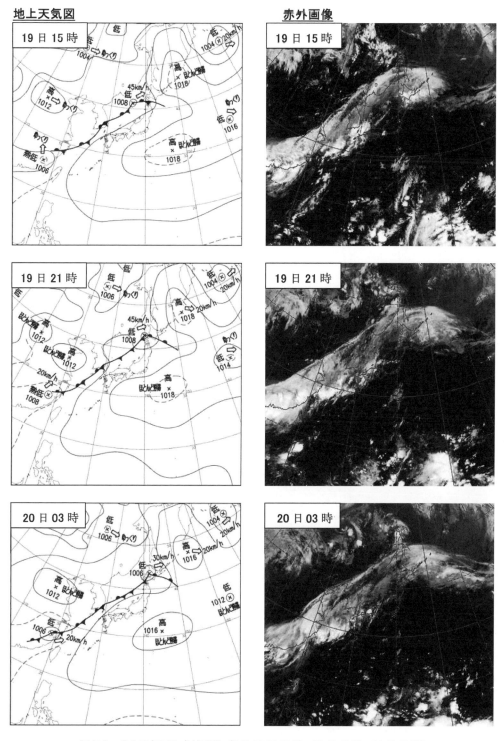

図 5.2 地上天気図と赤外画像（8月19日15時、20日21時、20日03時）

形のクラウドクラスターと呼ばれる「かなとこ雲」の塊に覆われている。条件が重なって今回のバックビルディング現象は約4時間続いたことから大災害となった。

気象庁は2014年8月の豪雨による大きな被害が広島の他に高知・福岡・京都・秋田など広範囲にわたり発生したことから、豪雨の名称として特定の地名を付さずに「平成26年8月豪雨」と命名した。

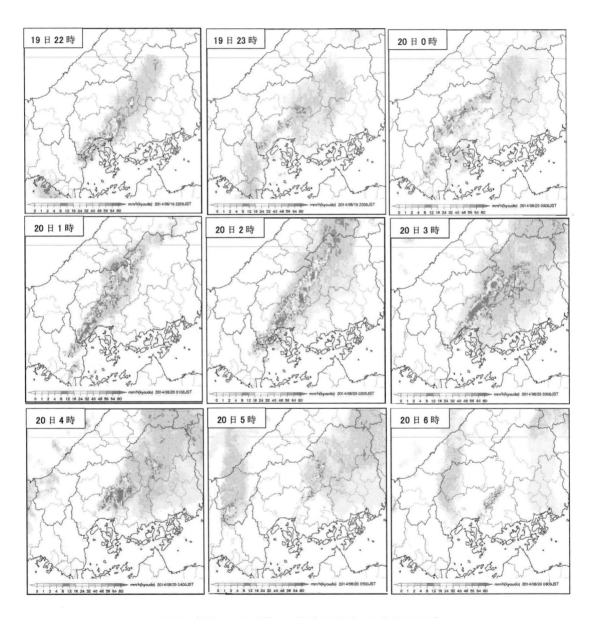

図5.3　毎時レーダー画像　8月19日22時～8月20日06時

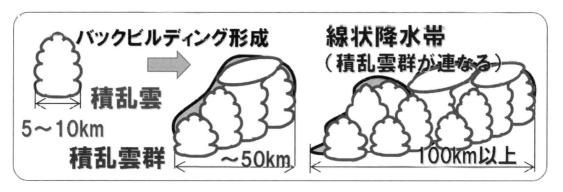

図 5.4 バックビルディング現象の仕組み
平成 26 年 9 月 9 日気象研究所報道発表資料 平成 26 年 8 月 26 日の広島市での大雨の発生要因より

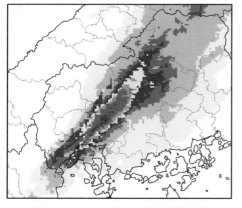

図 5.5 20 日 02 時～03 時の解析雨量

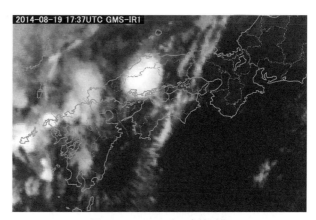

図 5.6 20 日 03 時の赤外画像

5-1.5 警報基準値に達する前に行われる防災情報

　日本では例年、夏から秋にかけて暴風や記録的な大雨による大規模な風水害が発生する。このような大雨が予想されるとき、いつどのようなタイミングで防災気象情報が発表されるのかを知っておくことは大事なことと言える。

　台風や、発達した低気圧に伴う広範囲の大雨については約 1 日前から気象情報でその程度について言及されるが、一般的な大雨の予想に対しては、6 時間から 12 時間前に出される大雨、洪水注意報が最初の防災情報となる。

　注意報には災害が起きる恐れがあるときに呼びかけるものだけでなく、時間とともに重大な災害が起きると予想した場合、警報発表を予告する注意報もある。

　警報発表を予告する注意報から警報への切り替えは、警報基準値に達する前に行われる。

　注警報の発表は、通常は基準値に達する 3～6 時間前、雷雨などの短時間の強い雨については 2～3 時間前にされることが多い。

　ただし夜間・早朝に注意報・警報基準に達する現象が予想される場合は、原則として夕方 16 時ま

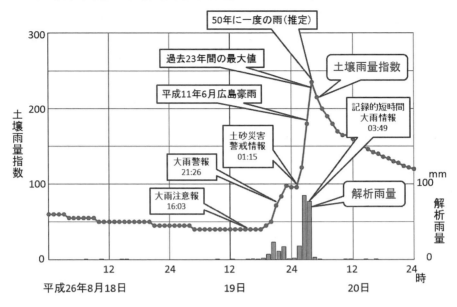

図 5.7　時系列で見る広島市安佐南区八木地区を含む解析雨量と土壌雨量指数（気象庁提供）

でに注意報あるいは警報の発表を予告する注意報を発表することになっている。この時点で防災機関（自治体の防災消防課や消防署）の出動体制が組まれる。

　警報の発表は、住民の避難を呼びかけるトリガーとなっているので、警報の発表の内容によって自主的に避難を始めることが望ましい。

　気象庁の防災情報発表に関する運用基準は、以上だが今回の広島地方気象台の発表状況を図 5.7 の広島市安佐南区八木地区を含む解析雨量と土壌雨量指数の時系列と対照させて見比べてみると、積乱雲による短時間の大雨が夜半過ぎにピークを迎える予想から、最初の防災情報として警報発表を予告する大雨注意報が 19 日夕方の 16 時 03 分に出されている。この時点で自治体防災対策関係者は、動員できる待機要員を準備をし、夜間になる前に防災体制を整えておかねばならない。

大雨警報・注意報の発表基準

　警報や注意報は、過去の予報区域における気象現象の強度と災害事例との関係を調査し、市町村ごとに「発表基準」があり、たとえば群馬県みなかみ町の大雨警報（浸水）の発表基準は、1時間雨量80mm、大雨警報（土砂災害）の発表基準は、1時間雨量80mm、かつ土壌雨量指数基準94となっている。

　大雨の注意報・警報の発表基準は気象要素として、予報区域内に降る雨の量で、1時間雨量、3時間雨量と土壌雨量指数、洪水注意報・警報の基準は1時間雨量か3時間雨量と流域雨量指数を使っている。

　大雨警報の基準は、土砂災害警戒情報と一体的に運用されており、避難準備（要援護者避難）情報に対応する情報となっている。対象とする災害は、避難準備情報に対応するために、土砂災害警戒情報の対象災害と同じく、土石流や集中的に発生する急傾斜地の崩壊である。

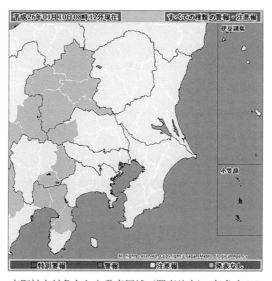

市町村を対象とした発表区域（関東地方）　気象庁HP

大雨に関する注意報・警報、その他の情報の流れ

　市町村を対象とした大雨に関する警報・注意報作業は、予報官が予報作業支援システム（YSS）を用いて、正時から2分以内に入電するアメダスと気象庁レーダーから作成する10分間解析雨量を使用し、急な雨の強まりや雨量変化を実況監視し、種々の客観的予測資料の中から基本となる予測資料を選択して必要な修正を行うことにより、対象区域内の領域を対象とした量的予測を行うことから始まる。

　気象庁や各府県の地方気象台で行う警報・注意報作成の作業は、予報官が量的予測を入力すると、YSSが市町村ごとに定められている基準値を参照し、市町村ごとの警報・注意報判定を行い、基準値を超えている場合は警報・注意報内容が自動作成される。

　予報官はこの判定結果をもとに、警報・注意報を発表することが適当と認めた場合に発表する。

　降水分布を予想する場合、基礎的な資料として初期値の異なるものも含めたGSMやMSM、LFM（局地モデル）のガイダンス、降水短時間予報などのさまざまな資料を選択し、もっとも実況に近い、あるいは予報官の考えたシナリオに近い予想を選択して、量的予想のシナリオが作成される。たとえば、熱雷や地形性降水はLFMやMSMのガイダンスの最新初期値を使うが、低気圧などはGSMガイダンスの初期値を使うようにするなど、作業マニュアルを定めている。

　大雨の可能性が高くなると、1日くらい前に「大雨に関する気象情報」が発表される。その後、大雨の可能性がさらに高くなって災害が起こるおそれのあるときは、半日から数時間前に大雨注意報が発表される。さらに重大な災害が起こるおそれのあるときに「大雨警報」が発表される。また、警報や注意報の内容を補完して大雨に関する気象情報が発表される。

　警報や注意報の発表中に、現象の起こる地域や時刻、激しさの程度などの予測が変わる場合には、警報や注意報の「切り替え」が行われ、内容が更新される。市町村長が行う避難勧告などの防災対応の判断や、住民の自主的な避難行動をより細かく支援するため、気象に関する警報・注意報は、個別の市町村を対象とし、市町村の地名をすべて表示して発表される。

　警報、注意報が何も発表されていない場合も省略せず、「なし」と表示される。また、大雨警報にはとくに警戒すべき付加事項を括弧書きで表示している。

　ただし、テレビやラジオによる放送は、多くの人に一斉に短時間で情報を伝えなければならないので、簡潔かつ効果的に伝えられるよう、市町村をまとめた二次細分区域の名称を用いて警戒を呼びかけている。

5-1.6 生かされなかった過去の経験

大雨がピークを迎える5時間前の21時26分に大雨警報が発表された。大雨警報は前述のとおり住民の避難を呼びかけるトリガーとなっているので、自治体防災対策本部では避難準備段階として体制を整え、要援護者の避難誘導にあたることになる。

また、過去に土砂災害があった所や、急傾斜地崩壊危険箇所などの危険箇所があるときは、該当地域の住民の避難勧告が発表されなければならない。

広島市では平成11年6月29日に2、3時間に豪雨が集中して31人が死亡、1人が行方不明になった豪雨災害を経験しており、危険かどうかわかるのは雨の強さが増して概ね2時間後で、その1時間後には災害が発生していたことから、危険とわかった時点で避難勧告を出しても間に合わないことを反省し、危機管理体制の強化と短時間豪雨による突発事態に対応できるシステム構築を図っていた。

にも関わらず、避難が遅れたのはどうしてだったのか。

市災害対策本部によると、20日午前3時過ぎから救助の要請が入り始め、安佐南区で「男の子2人が生き埋めになった」「平屋が倒壊し女性が生き埋めになった」と通報が相次ぎ、安佐北区でも午前4時すぎから「4人が生き埋めになった」など要請が増え、救助要請は安佐南区と安佐北区を中心に合計48カ所を数えたさなかの午前4時半ごろ避難勧告が出された。広島市に気象台が出した緊急を告げる気象情報のFAXが放置されていたことも判明したが、防災担当の危機管理部長は「避難勧告を出すのが遅かった」と述べ、対応が遅かったことを反省している。

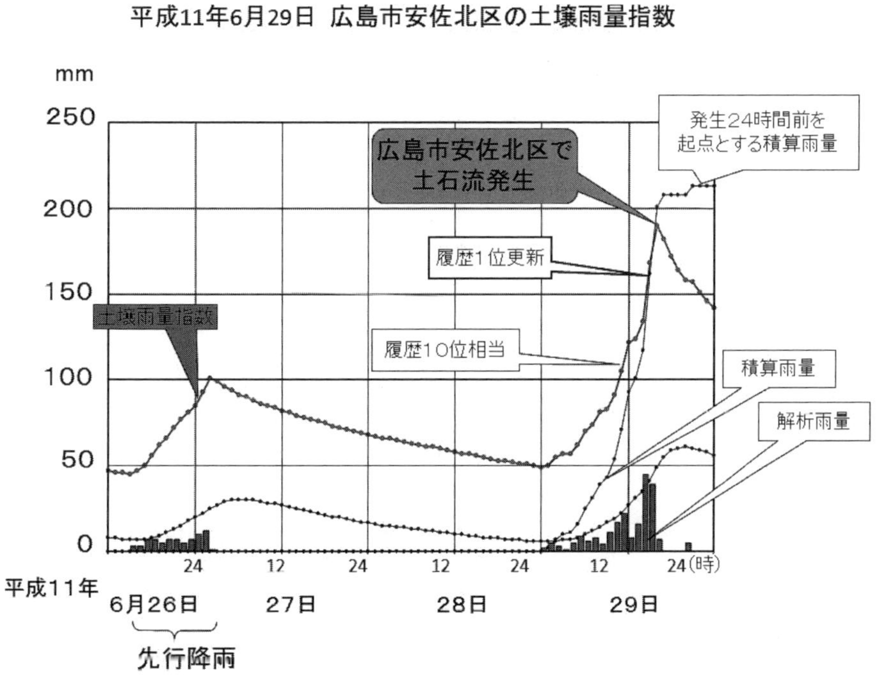

図5.8 土壌雨量指数の時系列で見直した平成11年の広島豪雨（気象庁提供）

人命を守るためには、豪雨の最中に避難勧告を出すようになることだけは避けなければならないことで、防災機関の担当者（首長）は、早めの避難を心がける必要がある。

5-1.7　いっそうの警戒を呼びかける土砂災害警戒情報・記録的短時間大雨情報

大雨警報を発表中に、引き続いて発表される記録的短時間大雨情報は、さらに重大な災害の発生する危険性が高くなっていることを速報し、より一層の警戒を呼びかけることを目的とされている。このように、警報の発表のあとに続く警報の切り替えや、土砂災害警戒情報、記録的短時間大雨情報などが発表されることで、自治体の対応は避難勧告から避難指示に切り替えられる。

「土壌雨量指数*」や気象状況を総合的に判断して、重大な土砂災害の危険性が高まった場合には、大雨警報を切替えて、見出しや本文の中で「過去数年間で最も土砂災害の危険性が高まっている」または「平成○年台風第△号以来で最も土砂災害の危険性が高まっている」という表現を用いて、土砂災害に対するより一層の警戒が呼びかけられる。

　*土壌雨量指数（土砂災害警戒判定メッシュ情報）：土砂災害発生の危険性を示す指標で、降った雨が土壌中に貯まっている状態を示す指数。解析雨量、降水短時間予報をもとに、全国くまなく5km四方の領域ごとに算出する。

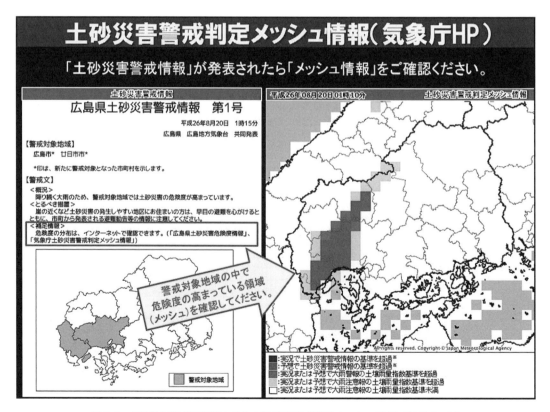

図5.9　土砂災害警戒情報第1号と土砂災害警戒判定メッシュ情報（気象庁HP）

土壌雨量指数（土砂災害警戒判定メッシュ情報）

　タンクモデルを用いて計算した「土壌雨量指数」が土砂災害、洪水災害のポテンシャル把握にきわめて有効であることは、すでに述べてきたが、ここで、「タンクモデル」と「土壌雨量指数」の概要を簡単に説明する。雨水の流出と貯留のイメージをモデル化したものが図のタンクモデルと土壌雨量指数の模式図である。

　雨が降ると、雨水の一部は地表面を流れて川に流れ込む。地中に浸み込んだ雨水も地層の違いなどにより表層から流れ出すものと、さらに深く浸み込み地中に貯まっていくものがある。

　降った雨が土壌中を通って流れ出る3段に重ねた各タンクの側面には水がまわりの土壌に流れ出すことを表わす流出孔が、底面には水がより深いところに浸み込むことを表す浸透流出孔がある。第1タンクの側面の流出孔からの流出量は表面流出に、第2タンクからのものは表層での浸透流出に、第3タンクからのものは地下水としての流出に対応する。なお、第1タンクへの流入は降水に対応し、第2タンクへの流入は第1タンクの浸透流出孔からの流出、第3タンクへの流入は第2タンクの浸透流出孔からの流出を表わしている。土壌雨量指数は各タンクに残っている水分量（貯留量）の合計となり、これが土壌中に貯まった水分量に相当している。

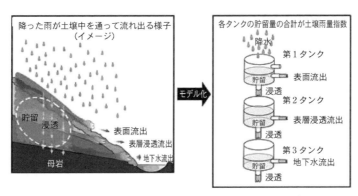

タンクモデルと土壌雨量指数の模式図（気象庁提供）

　大雨によって発生する土砂災害は土壌中の水分量が多いほど発生の可能性が高い。これまでの土壌雨量指数の有効性の調査で、土壌雨量指数がある閾値を越えると急に土砂災害の発生が増えることが確認されている。土砂災害警戒判定メッシュ情報は、土壌雨量指数および降雨の実況・予測に基づいて、土砂災害発生の危険度を5kmメッシュ毎に階級表示した分布図である。

　降った雨が土壌中に水分量としてどれだけ貯まっているかを、これまでに降った雨（解析雨量）と今後数時間に降ると予想される雨（降水短時間予報）等の雨量データからタンクモデルで指数化したものなので、現状から今後数時間先までの土砂災害発生の危険性を示す有効性の高い指数である。これを踏まえて土砂災害警戒判定メッシュ情報は、「土砂災害警戒情報」や、大雨警報・注意報の新たな発表基準として採用されている。

大雨警報の対象地域よりも狭い範囲で特定できる場合には、見出しや本文の中で、たとえば「〇〇市、△△町付近では、」のように区域を絞って土砂災害や洪水に関する警戒が伝えられる。

この情報が出る前に、避難先に到達していることがもっとも安全と言えるが、洪水の恐れや危険な状態となっていることを認識し間違っても大雨警報の中、冠水した道路を徒歩で行動することはしないこと。もし、逃げ遅れたという場合は、頑丈な建物を探し、その屋上階で救援を待つことが大事である。

内閣府の発表では、土砂災害警戒情報が2014年の4〜7月に発表された30都県の延べ303市町村のうち、避難勧告や指示を出したのは延べ38市町村（13%）にとどまっていた。2015年以降は、避難勧告に関する新指針で、土砂災害警戒情報を勧告の発令基準として明示し、各市町村の基準が見直されている。

2013年10月からは、早い段階での住民の避難が求められるような、警報の発表基準をはるかに超えて甚大な災害が発生する危険性が高い場合には、都道府県に対しては市町村への通知を、市町村に対しては住民などへの周知の措置を義務づける特別警報*が発表されるようになった。特別警報が発表されたら安全な場所に避難し、身を守るために最善を尽くすことが求められている。

*特別警報：2013年の気象法規の改訂により新たに「特別警報」が発表されることとなった。重大な災害の恐れがあるときは従来どおり警報が発表されるが、経験したことのないような激しい豪雨や暴風など異常な気象現象が起きそうな状況で50年に1度起きるかどうかといった「東日本大震災」における津波や、「平成23年台風第12号」による豪雨、「伊勢湾台風」による高潮のような警報の発表基準をはるかに超える異常な現象が予想され、警報の発表基準をはるかに超える重大な災害が予想される時に発表される。

5-2 大雪の事例

冬季、天気予報やニュース等で、「日本付近は冬型の気圧配置が続き、大雪が降るでしょう」等と放送していることがある。この時、天気予報コーナーの衛星画像では、日本海を筋状の雲（以下、筋状雲）が覆い尽くし、太平洋側にも同じ筋状雲が見られることもある。この日本海の筋状雲は、日本付近が冬型の気圧配置になった時に現れる特徴的な雲パターンであり、北日本や西日本から東日本の日本海側に大雪を降らせる雲である。

この冬型の気圧配置の事例を、当日発表された気象情報を基に大雪と雪雲（主に筋状雲）の関係を見ていくことにする。

事例として、2014年12月16日から18日にかけて、低気圧が急速に発達しながら、日本海と本州南岸を通過し、その後、日本付近は強い冬型の気圧配置となり、北日本や本州日本海側に大雪が降った事例を見ていく。現象の連続性を見るために赤外画像を使用する。

今回の事例では気象情報は、大雪が降り始めると予想される二日前の14日の夕方に「発達する低気圧に関する全般気象情報第1号」が発表された。日本付近は数日前から冬型の気圧配置が続いているが、大雪のピークは過ぎている。気象情報第1号の内容は「16日は、低気圧が急速に発達しなが

ら日本付近を北東に進み、18日頃にかけては強い寒気が流れ込み、冬型の気圧配置が強まる見込みです。このため、全国的に風が強まり、北日本を中心に大荒れとなり、日本海側の地方を中心に大雪となるおそれもあります。暴風や高波および大雪に警戒してください」であり、日本付近が冬型の気圧配置へと移行する前の低気圧の発達について記述し、低気圧の発達に伴い警戒する現象に重点を置いている。

図5.10は、気象情報が発表された14日15時の赤外画像である。日本付近は、冬型の気圧配置特有の雲パターンである筋状雲が日本海や本州太平洋側に残っている（図中①）。

地上天気図（略）では高気圧が東シナ海に移動して来たため、黄海・東シナ海・朝鮮半島東岸付近では数時間前まで明瞭であった筋状雲が急速に減少し、東シナ海南部の雲域は層状化している（赤外画像で暗灰色：図中②）。

なお、この後発達し16日に日本付近に進む低気圧に対応する雲域は、現象の二日前のためこの時点ではまだ確認できない。

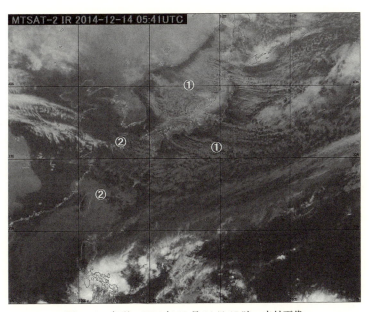

図5.10　冬型　2014年12月14日15時　赤外画像

翌日（15日）夕方には具体的な現象を対象に「暴風雪と高波に関する全般気象情報第2号」が発表された。内容は「急速に発達する低気圧の影響で16日は全国的に風が強まり、北日本から西日本の海上を中心に非常に強い風が吹き、北日本・東日本では大しけとなるところがあるでしょう。暴風や暴風雪、高波に厳重に注意してください。湿った大雪やなだれ、着雪にも十分注意してください」と、翌日（16日）警戒する現象を第一に記述している。

図5.11は、気象情報が発表された直前の15日15時の赤外画像である。東北北部から北海道日本海側には、寒気移流に伴う雲域（赤外・可視画像共に暗灰色）が残っているが、大陸からの離岸距離

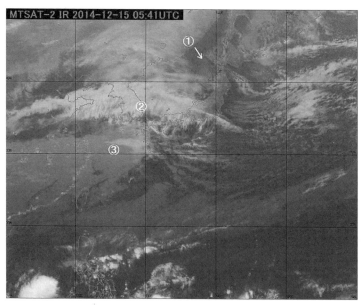

図 5.11　冬型　2014 年 12 月 15 日 15 時　赤外画像

（予報用語：寒気の吹き出しに伴って海面上の積雲列が発生し始める地点を岸から計った距離。寒気移流が強いほど離岸距離は短い。）も大きくなり急速に縮小している（図中①）。黄海から西日本・東海沖には、トランスバースバンド（赤外画像で白色、可視画像で薄いベール状で明灰色：図中②）が見られ、東シナ海には高気圧縁辺南東風と大陸からの下層南西風が合流して中・下層雲（赤外画像で暗灰色、可視画像で白色：図中③）が拡大している。この雲域が、この後本州南岸を通過する低気圧に対応する雲域であるが、日本海を進む低気圧に対応する雲域はまだ確認できない。

　引き続き大雪が始まると予想された 16 日の早朝には、気象情報の表題に新たに大雪の現象が加わり、「暴風雪と高波及び大雪に関する全般気象情報第 3 号（以降、第 10 号まで表題は同じ）」が発表された。内容は「16 日から 17 日は日本付近で低気圧が急速に発達し、強い冬型の気圧配置となる見込みです。北日本から西日本では、沿岸部を中心に非常に強い風が吹き、大しけとなるでしょう。特に 17 日は、北海道地方は猛烈な風が吹き、北日本と北陸地方は猛烈なしけとなる見込みです。暴風や暴風雪、高波、大雪に厳重に警戒してください。大雪については、急速に発達する低気圧の影響で、16 日は積雪の多い地方では、いっそうなだれが起こりやすくなるでしょう。また、北海道太平洋側では 17 日かけて湿った雪が降り、大雪となる見込みです」とあり、情報文本文には警戒する現象の具体的な数字も付加された。

　図 5.12 は、気象情報が発表された 16 日 09 時の赤外画像（左）と可視画像（右）である。日本海には低気圧対応の厚い雲域（赤外画像で白色、可視画像では太陽高度が低いため暗灰色）があり、厚い雲域の西端にはフック（図中の×）が解析でき、この雲域の西側には寒気移流に対応した筋状雲が発生し始めている（図中①）。一方、四国沖にも、低気圧対応の雲域があり、不明瞭ではあるが、フック（図中の×）が解析できこの雲域の南西には、Cu ライン（図中の矢印）が確認できる。また、

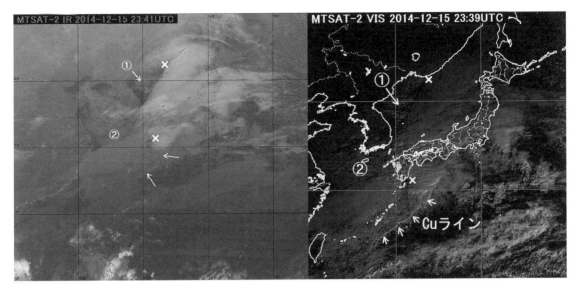

図 5.12 冬型 2014 年 12 月 16 日 09 時 赤外画像（左） 可視画像（右）

黄海には寒気移流に対応する筋状雲が発生しており、大陸からの離岸距離が小さい事から寒気移流が強いと判断でき、また、その先端は北緯 30 度付近まで南下し拡大している（図中②）。

この時刻になって、本事例の大雪の要因となる筋状雲が確認できる。この時点では、まだ、日本海の低気圧に向かって暖気が流れ込んでいるため、標高の高い地域と北海道の一部以外では雨となっている。

16 日 11 時に気象情報第 4 号が、17 時に気象情報第 5 号が発表された。第 4 号では、「急速に発達する低気圧の影響で、北海道では猛烈な風、北日本と北陸では猛烈なしけ、その他の地方でも、沿岸部を中心に非常に強い風が吹き、大しけになる」と暴風と高波を前面に出し、第 5 号では、暴風と高波に加え、大雪について、実況も加え警戒を促している。第 5 号の内容は「①急速に発達する低気圧の影響で雨や雪が降り、16 日夜は積雪の多い地方では、いっそうなだれが起こりやすくなるでしょう。また、北海道では 17 日かけて湿った雪が降り、大雪となる見込みです。②西日本の日本海側は雪が降り始めています。今後は平地でも広い範囲で雪となり、17 日は北日本から西日本の日本海側は、平地を含め大雪となる見込みです。③特に北陸地方と北日本を中心に、大雪に警戒が必要です。④太平洋側でも雪雲が流れ込んで積雪となるところがあり、大雪に注意・警戒が必要です」となっておりこの情報文の中でアンダーラインを引いた文言は、衛星画像で筋状雲や帯状の雲域の動向を見ることにより判別できるものであった。

図 5.13 は、気象情報第 5 号が発表されてから 4 時間後の 16 日 21 時の赤外画像である。上記アンダーラインを引いた部分が衛星画像とどのように対応しているか見てみる。

①急速に発達する低気圧

日本海北部と関東沖の明瞭な雲域（赤外画像で白色：図中の①）を指している。この雲域は、雲域

の発達を示唆するバルジ（図中の矢印）が明瞭で、低気圧の中心と思われるフック（図中の×印）もやや不明瞭ながら解析できる。またこの2つの雲域は地上の低気圧に対応していた。

②西日本の日本海側は雪が降り始めています。

④太平洋側でも雪雲が流れ込んで

ボッ海から東シナ海、日本海には寒気移流による筋状雲が明瞭であり、この筋状雲が西日本の日本海側（図中の②）に達しており、一部は西日本太平洋側（図中の④）にも達している。冬季はこの筋状雲がかかった地方は、おおむね降雪を観測している。

③特に北陸地方と北日本を中心に

日本海西部から伸びる一段と輝度の高い雲バンド（赤外画像で明灰色）が北陸から北日本の日本海側を指向している（図中の③）。冬季はこの雲バンドがかかった（上陸した）地方は、大雪を観測していることが多いため、その指向先では警戒を要する。

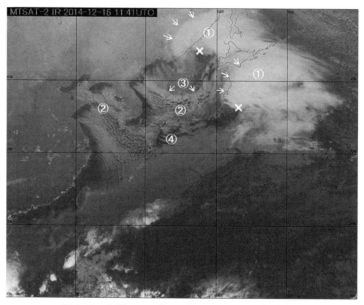

図5.13　冬型　2014年12月16日21時　赤外画像

そしてこの現象のピークとなる17日、早朝の5時過ぎに気象情報第6号、日中の11時過ぎに気象情報第7号、夕方の17時前に気象情報第8号と、16日と同じく3回発表された。大雪に関する記述内容はともに「①低気圧が接近している北海道地方は大雪となっています。また、②西日本から東北にかけて、日本海側を中心に広い範囲で雪が降っており、強く降っているところがあります。18日にかけて、③北海道地方、及び東北地方から西日本の日本海側は、平地を含め大雪となる見込みです。とくに④北陸地方と北日本を中心に、大雪に警戒が必要です。⑤太平洋側でも雪雲が流れ込んで積雪となるところがあり、大雪に注意、警戒が必要です。」となっていた。この情報文の中でアンダーラインを引いた文言は、先にも示したとおり衛星画像で筋状雲や帯状の雲域等の動向により確認できる

ため、その後の雲域等の盛衰を監視することにより、大雪の実況監視も可能である。

　図5.14は、気象情報第6号と第7号の間の2014年12月17日09時の赤外画像である。北海道東部には地上の低気圧に対応した下層雲渦（図中の手裏剣印）があり、厚い雲域（赤外、可視画像ともに白色）が北海道にかかっている（上記①に対応し、図中①）。黄海から東シナ海の寒気移流による雲域は、沖縄の南海上まで南下している。筋状雲は日本海を覆い尽くし、九州から東北の太平洋側まで達している。西日本から北日本の日本海側では筋状雲がかかり続けており（上記②、③に対応し、図中の②、③）、九州西岸や四国にもかかっている（上記⑤に対応し、図中の⑤）。日本海西部から北陸を指向している輝度の高い雲バンド（赤外画像で白色、可視画像で明灰色）が北陸から北日本沿岸にかかっている（上記④に対応し、図中の④）。大陸からの離岸距離も引き続き短い（図中矢印）。

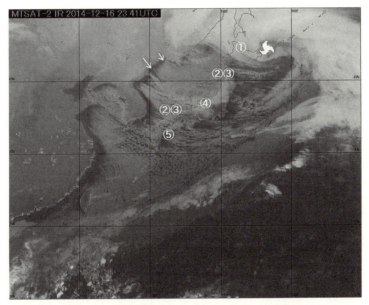

図5.14　冬型　2014年12月17日09時　赤外画像

　日本付近の筋状雲はその後も継続して解析でき、また雲バンドは12時間後の17日21時頃まで継続し、その後徐々に不明瞭となった。なお、黄海から東シナ海の筋状雲は層状化し、黄海や中国大陸の東岸からの離岸距離も大きくなった。

　図5.15は、気象情報第9号が発表された4時間後の2014年12月18日09時の赤外画像である。ボッ海と黄海には目立った雲域は見られず（図中の①）、東シナ海の雲域も層積雲とクローズドセルとなり（図中の②）、寒気移流も西側から弱まってきている。日本付近には日本海と太平洋側に筋状雲がまだ明瞭であるが（図中の③）、北陸から北日本を指向していた雲バンドは不明瞭となっている。また、北海道の東海上の低気圧対応の雲渦は明瞭であるが（図中の手裏剣印）、低気圧対応の厚い雲域は衰弱しつつある（図中の①）。この様に衛星画像からは、日本海の筋状雲は継続しているものの全体的にはこの一連の冬型での大雪は終息に向かいつつあった。

その後、この現象のピークが過ぎた18日の夕方に「暴風と高波及び大雪に関する全般気象情報第10号」が発表され一連の気象情報は終了した。第10号の情報文の内容は、「大雪のピークは過ぎつつありますが、北日本や北陸地方から山陰にかけての日本海側を中心に雪が降り、東日本の山地などで局地的に強い雪となっています。19日明け方まで、大雪が続くおそれがあります」とあり、19日の明け方まで注意報級の降雪の可能性がある旨の注意を呼びかけていた。

　図5.16は、最終の情報文が発表された2014年12月18日15時の赤外画像である。日本海や西日本から東日本の太平洋側には引き続き寒気移流に伴う筋状雲が広がっている（図中①）。大陸からの離岸距離は若干広がってきているが（図中の矢印）、寒気移流は継続している。ただし、黄海周辺では下層雲が急激に減少しており（図中②）、地上天気図（略）では東シナ海に高気圧が張り出してきている。

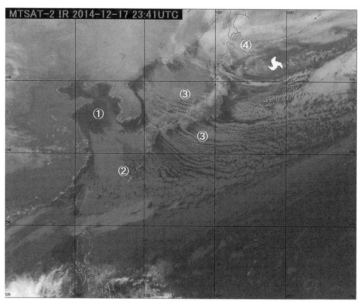

図5.15　冬型　2014年12月18日09時　赤外画像

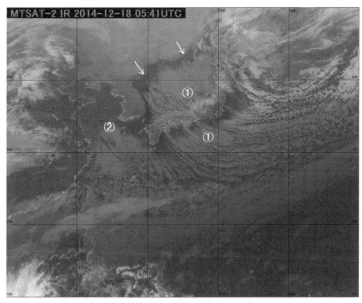

図 5.16 冬型 2014 年 12 月 18 日 15 時 赤外画像

全期間をとおして、冬型気圧配置時の衛星画像での留意点は次の通りである。
① 筋状雲の発生場所の把握：厚い雲域及び前線対応の雲バンドやロープクラウド等の後面から筋状雲が発生する場合が多い。西周りで寒気が流入する場合は、日本より西側のボッ海、黄海、東シナ海での発生の確認が必要である。

図 5.17 は、2014 年 12 月 16 日 09 時の赤外画像である。ボッ海、黄海、東シナ海では北緯 30 度付近まで、日本海西部の元山沖では筋状雲が発生し始めている。

図 5.17 冬型 2014 年 12 月 16 日 09 時 赤外画像

② 大陸からの離岸距離：筋状雲が発生した場合、大陸からの離岸距離を確認し、離岸距離が短いほど、寒気移流は強い。

図5.18は、2014年12月18日15時の赤外画像である。離岸距離を約1日前（図中の実線）と現在（図中の破線）とを比較したものである。ボッ海や黄海での筋状雲の離岸距離は急速に長くなっているので、寒気移流は弱まっている。

図5.18　冬型　2014年12月18日15時　赤外画像

③ 筋状雲の走向：日本海の筋状雲が、東西走向か又は北西から南東走向かにより大雪が降る場所が違うので、筋状雲の走向を確認する。なお、筋状雲の南北走向は過去の事例を見ても、あまり例がないので、ここでは未掲載である。

図5.19は、2014年12月2日12時の可視画像である。日本海の筋状雲の走向は東西である。この場合の降雪は、北陸地方から北海道日本海側が中心である。

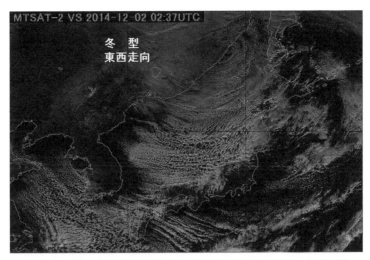

図5.19　冬型　筋状雲が東西走向　2014年12月2日12時　可視画像

図5.20は、2015年2月9日12時の可視画像である。日本海の筋状雲の走向は北西から南東である。この場合の降雪は、本州日本海側から北海道日本海側の広範囲であり、筋状雲が一部太平洋側まで流れ込み、太平洋側でも降雪を見る場合もある。

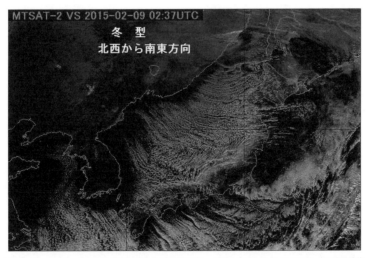

図5.20　冬型　筋状雲が北西から南東走向　2015年2月9日12時　可視画像

④　雲バンドの動向及び指向場所の推定：この雲バンドは、発達した対流雲で形成されている場合が多く、場合によってはこの雲バンドの中にメソβスケール下層雲渦が発生する場合もあるので、雲バンドの上陸場所の推定は重要である。メソβスケール下層雲渦が上陸した場合には、突風等の急激な天候の変化が起きる場合があるので、注意が必要である。

図 5.21～24 に、雲バンドの指向場所の違いの事例を可視画像で示す。発生場所は、主に日本海中・西部で、この場所は沿海州からの北寄りの風と朝鮮半島からの西寄りの風が合流する所である。また、日本海北部でも時々発生することがあり、この場合は、沿海州からの北から西寄りの風と北海道からの東寄りの風が合流する所である。

図 5.21 は、日本海北部と日本海西部で発生した事例である。日本海北部の雲バンドは、間宮海峡から「くの字」を書くように積丹半島付近まで伸びている。日本海西部の雲バンドはほぼ直線で、朝鮮半島の付け根から北陸地方まで伸びている。

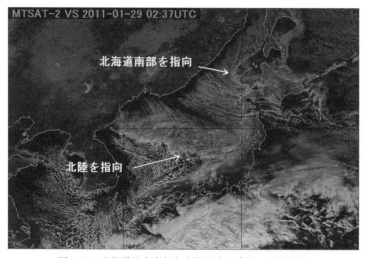

図 5.21　北海道地方南部と北陸地方の事例　可視画像

図 5.22 は、日本海西部で発生した事例で、同じく朝鮮半島の付け根から「蛇行」しながら近畿地方日本海側に伸びている。

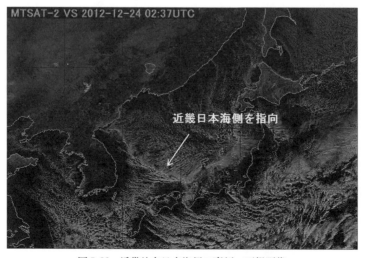

図 5.22　近畿地方日本海側の事例　可視画像

図 5.23 は、日本海中部で発生した事例で、「蛇行」しながら山形・秋田県付近に伸びている。発生場所が北寄りのため、上陸場所も北寄りとなる。

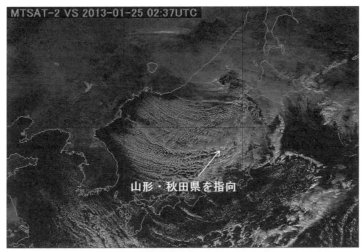

図 5.23　山形・秋田県の事例　可視画像

図 5.24 は、日本海西部で発生した事例で、朝鮮半島の付け根から直線状に山陰地方まで伸びている。

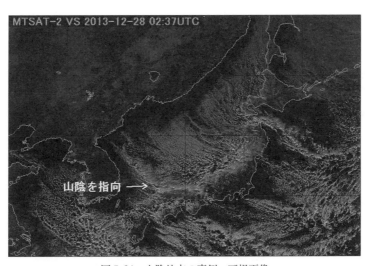

図 5.24　山陰地方の事例　可視画像

図 5.25 は、雲バンド上にメソβスケール下層雲渦が発生している。

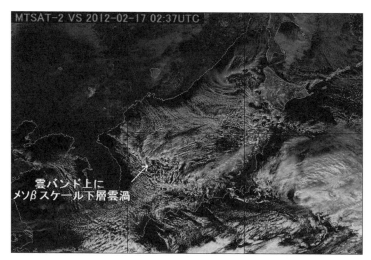

図 5.25　雲バンド上にメソβスケール下層雲渦
2012 年 2 月 17 日 12 時可視画像

⑤　筋状雲の変化：筋状雲は下層風向に平行に出来る雲列であるので、大陸から高気圧が移動してくる場合には、筋状雲が湾曲して層状化する場合が多いので、高気圧の動きや縁辺流がわかる場合がある。

なお、大雪の目安は上空の寒気も関連するので、500hPa、850hPa 高層天気図の気温も確認する必要がある。目安としては 500hPa で −36℃ 以下では大雪、850hPa で −6℃ 以下では平地で雪の可能性が大きいといわれているが、これはあくまでも目安であり、季節やその時の総観場などで異なることに注意が必要である。

第6章　数値予報資料への利用

6-1　数値予報と気象衛星

　数値予報は、物理学の方程式などに基づき、計算機を用いて将来の大気状態を予測する技術であり、今日の予報・防災業務を行う上で必要不可欠な基礎資料を作成する。数値予報は大きく分けて、現在の状態を正確に把握するための解析処理（客観解析、データ同化と呼ばれる）と、現在の状態から将来を予測計算するための予測処理から成る。解析処理では、気象官署やレーダー、船舶、航空機など、世界中のさまざまな気象観測データが用いられるが、とりわけ重要なのが気象衛星による観測データである。通常の予報作業（台風解析など）では、ひまわり8号の雲画像や観測データの利用が中心であり、その他の衛星（低軌道衛星）利用は補助的である（1-9節 P.60参照）。一方、数値予報解析においては、多様な観測センサーが搭載された低軌道衛星の観測データも大いに活用している。

　たとえば、宇宙航空研究開発機構（JAXA）が開発・運用する「しずく」（GCOM-W）衛星のAMSR-2というマイクロ波放射計センサーからは、地表温度や鉛直積算水蒸気量、降水量などの情報が得られる。ひまわり8号で観測する赤外域の波長帯では雲の下はほとんど見ることができないが、AMSR-2で観測するマイクロ波の波長帯では雲による吸収が弱いため雲の下の観測も（厚い雲を除いて）可能である。同種のセンサーは、アメリカのDMSP衛星や、日米共同のミッションであるGPM-Core衛星にも搭載されている。

　また、アメリカや欧州が運用するNOAA衛星、S-NPP衛星、Metop衛星には、探査計（サウンダ）と呼ばれるセンサーが搭載されており、大気の気温・水蒸気の鉛直分布情報を得ることができる。このセンサーは複数の衛星に搭載されていることから、6時間で全球を覆う観測が可能である。1-9節で紹介されているマイクロ波域を観測するサウンダの他に、赤外域を数千チャンネルで詳細に観測するサウンダも、数値予報では利用されている。このようにサウンダは、気温・水蒸気鉛直分布の観測情報を広域で精度良く観測できることから、数値予報の精度を左右する最も影響力のある観測手段である。さらに全球測位衛星（GPSなど）からの電波の伝搬情報をうまく利用して、大気中の気温や水蒸気の情報も利用されている。

　ひまわり8号や欧米の静止気象衛星に関しては、大気追跡風データと水蒸気バンドの輝度温度データを活用している。大気追跡風とは、連続的な衛星画像から雲や水蒸気の移動を求め、これを風データに変換したものである。水蒸気バンドの輝度温度データは、雲がない場所だけを選択して利用しており、大気上層の水蒸気情報を得ることができる。

　1990年代以前は、気象衛星が観測したデータのうち、気温や風といった最も基本的な気象要素だけしか数値予報の解析処理で用いられていなかった。解析処理技術の発展とともに、ここで紹介したような輝度温度や測位衛星の電波情報など、さまざまな観測データを効率よく利用することが可能になった。

GPS と数値予報

　GPS衛星は、カーナビゲーションやスマートホンなど日常生活でも広く用いられているが、数値予報にも使われているのをご存知だろうか？

　GPS衛星は、測位衛星（GNSS衛星）の一種で、非常に高い精度で電波を発信している。複数の衛星からの電波を受信することにより、それぞれの衛星からの伝搬距離と伝搬時間から受信機（たとえば、スマートホン端末）の位置を特定する。電波は真空中であれば光の速度で直進するが、大気中では大気密度や電子密度に応じて伝搬経路や伝搬時間が変化する。逆に言えば、この変化量（伝搬遅延量）は、大気密度、すなわち気温や気圧、水蒸気量の情報を持っていることになる。このように伝搬遅延量から、水蒸気や気温などの情報を推定し、数値予報の解析処理（データ同化）に用いている。

　国土地理院では、地殻変動を精密に観測するため国内に1200点ものGPS受信機を配置しているが、この稠密な測地観測ネットワークは、水蒸気の細かな水平分布を観測する気象観測ネットワークとしても利用できる。実際に気象庁では2009年より、この地上GPS受信機での観測データから、可降水量（大気中の水蒸気を鉛直方向に積算した全水蒸気量）を導出して解析処理で利用しており、降水予報の改善に有効であることを確認している。一方、GPS衛星の電波を別の衛星で受信することにより、その伝搬経路上の気温・水蒸気を計測することも可能である。この衛星はGPS衛星より低高度軌道を飛んでいるため、低軌道衛星（LEO衛星）と呼ばれる。このような受信機は、欧州のMetop衛星や、台湾・米国のCOSMIC衛星などのLEO衛星に搭載されており、全球的な気象観測ネットワークの一部となっている。気象庁でも2009年より、これらのデータを解析処理で用いている。

　以前は測位衛星といえばGPS衛星を指していたが、近年は欧州・ロシア・中国でも測位衛星が運用・展開されている。日本でも「みちびき」（準天頂衛星）と呼ばれる測位衛星を2010年に打ち上げており、さらに常時利用が可能な4機以上にまで今後増やす計画もある。これらのGPS衛星以外の測位衛星の電波情報も、数値予報の解析処理に利用すべく調査が進められている。

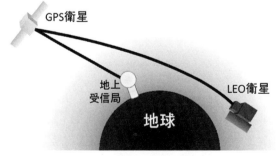

GPS衛星などの測位衛星の電波を受信する地上受信局と低軌道衛星（LEO衛星）
この電波伝搬情報から、水蒸気や気温に関する情報を取り出し、数値予報の解析で利用する。

ただし雲や降水が強く影響した観測データは、直接的な処理がまだ難しく、重要な研究開発テーマとなっている。

6-2 予想衛星画像

　衛星画像は、雲や気温、水蒸気分布を、輝度温度や太陽光の反射率という形で可視化したものである。一方、数値予報では現実の大気を模して気温、水蒸気、雲などを計算するが、これらから仮想的な「衛星画像」（シミュレーション画像）を計算することが可能である。したがって夜間の可視画像を見ることも可能で、このシミュレーション画像と実際の衛星画像を比べることにより、実況に対して数値予報結果がどれくらい正しいかを判断するための材料となる。また未来の衛星画像を作成することも可能となるので、いわば「予想衛星画像」という、予報作業を支援するツールとして利用することもできる。

　具体的な例を見てみよう。図6.1は、2015年7月9日12時（日本時）におけるひまわり8号の第13バンドの赤外画像（上図）と、気象庁非静力学モデル結果から計算したシミュレーション画像（下図）である。大まかな雲の広がり具合は整合しているが、細かくみるとシミュレーション画像では発達した積雲やそれに伴う厚い上層雲の広がりが不十分である。数値予報では水蒸気、雲に関する詳細な過程を計算しているが、実際の自然現象ははるかに複雑である。たとえば氷粒子のさまざまな生成・消滅過程や、形状や大きさなどを再現できなければ、現実と同じような上層雲は表現できない。したがって、シミュレーション画像は大まかな天気変化を視覚化するためのツールとしては有効であるが、通常の数値予報資料の利用上の注意と同様に、個々の雲の生成・発達を表現するものではないことに留意する必要がある。

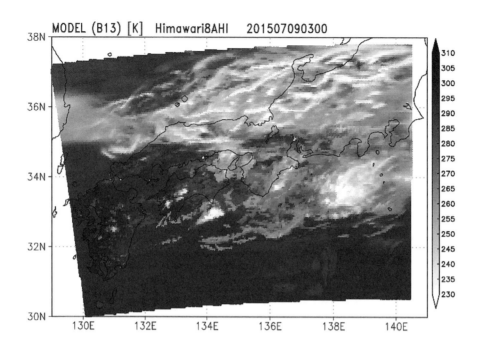

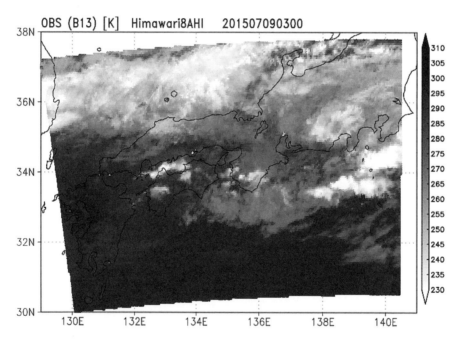

図6.1 2015年7月9日12時における、ひまわり8号の第13バンドの西日本域における衛星赤外画像（上図）。下図は、解像度2kmの数値予報モデルの3時間予報結果から、輝度温度の計算を行い可視化したもの。

機動的観測と数値予報

　ひまわり8号には、任意の領域を観測できる「機動的観測」という機能がある（1-7節 P.55）。これは任意の1,000km × 1,000kmの領域を2.5分毎に観測するもので、台風を追跡しながら連続的な観測を行うといったことが可能となる。ひまわり6号や7号においても「機動的観測」は臨時に行うことが可能であり、積雲の急発達などの監視を行うこともあったが、ひまわり8号では定常的な運用が可能となった。この機動的観測機能を用いた観測データをうまく使えれば、台風予報などを大きく改善する可能性がある。これは台風域の観測を詳細かつ連続的に行うことができるというだけでなく、台風の「つぼ」をうまく観測しその情報を活用することが鍵となる。

　台風の「つぼ」について説明する前に、数値予報の仕組みついて簡単に紹介しよう。数値予報は6章にあるように、解析と予報の2つのステップから成る。解析処理で作成された解析値が予報処理の初期値として使われており、予報の結果は解析結果（初期値）に大きく左右される。そして解析は、入力となる観測データと解析システム（もしくはデータ同化システムとも呼ぶ）の性能によって決まる。観測データは精度や場所・時刻はさまざまであるが、基本的には精度が高く、観測頻度が高く、広域に渡って存在するものが数値予報精度改善への寄与が大きい。しかし、面白いことに、同じ観測データであっても、観測する状況・場所に応じて、寄与がさらに大きくなる場合、もしくはほとんど効かない場合がある。このような数値予報への寄与が大きい領域（これが「つぼ」である。専門的には感度領域と呼ぶ）は、最新のデータ同化研究によって、ある程度調べることが可能となっている。そこでこのような「つぼ」が事前にわかれば、そこを特別に観測することによって予報精度が改善することが期待できる。実際に、THORPEX（観測システム研究・予測可能性実験計画）という国際研究計画では、「つぼ」に飛行機を飛ばして特別観測を実施し、台風進路予報などが改善するかどうかといった調査が行われた。ひまわり8号の機動的観測も、事前に求められた「つぼ」に対して実施することにより、単純に台風中心付近を追跡・観測する場合よりも大きな改善効果が得られるかもしれない。ただし現状では、「つぼ」の計算方法はかなり理想的な条件を仮定して行われているため、実際の台風に適用するにはまだ問題も多い。また台風周辺のような厳しい環境では、解析処理も高度な技術が要求される。これらの技術的・理論的な課題を解決していくことが、機動的観測を数値予報で十二分に活用するために必要となる。

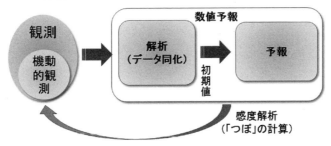

数値予報の処理の流れ

通常の数値予報は、観測データを解析して初期値を作成し、予報計算を実施する、という右方向の処理だけである。数値予報システムを用いて「つぼ」を計算し（感度解析とよぶ）、そこを機動的に観測することによって、新たに左向きの矢印で表される処理が生じ、さらに数値予報結果が改善される可能性がある。

索　引

[あ]

アーククラウド　76, 157
秋雨前線　222
アメダス　78
アメリカ海洋大気局（NOAA）　11
アメリカ航空宇宙局（NASA）　11
アメリカ大気海洋庁　193
アルベド　32, 33
暗域　76, 183
暗化　76
異常天候早期警戒情報　212
伊勢湾台風　232
イメージャ　15
インサット（INSAT）　10
ウィンドプロファイラ　216
宇宙環境データ取得装置　17
宇宙環境モニター　17
宇宙航空研究開発機構　245
宇宙天気予報　17
雲型　70
雲型の判別　72
雲頂温度　70
雲頂高度　44, 70, 71
運輸多目的衛星新1号　11
雲量　169
雲列　76, 92
衛星搭載レーダー　60
S-NPP衛星　245
Xバンドレーダー　217
エマグラム　216
エムティーサット（MTSAT）　11
エムベド　203
エレクトロ（Electro）　10
沿岸前線　179
鉛直シアー　88
エンハンスト積雲　87, 89
応答関数　18
大雨警報　152
大雨警報・注意報の発表基準　217, 227
大雨・洪水警報　217
大雨・洪水注意報　226
オープンセル　76, 87, 88
帯状の雲域　92
温帯低気圧　169, 187
温帯低気圧の一生　170
温帯低気圧の発達パターン　171
温暖前線　170, 187, 192

[か]

海上濃霧警報　133
海上の霧　133
海上風速の水平面分布　62
解析雨量　217-219, 228
ガイダンス　228
海氷　142
海氷域　76, 142
海面温度　71
火山性ガス　43
火山噴煙　76
可視画像　30, 69
可視光センサー　10
可視赤外放射計　1
ガストフロント　157
下層雲　71
下層雲渦　76, 99, 176, 183, 190
カット・オフ・ロウ　183
かなとこ巻雲　76, 153, 224
雷イメージャ　19
雷センサー　15
雷ナウキャスト　221
雷三日　183
カルマン渦　76, 149
寒気移流域　72
寒気移流に伴う雲域　233
寒気核低気圧性循環　112
寒気場内の現象　87
観測システム研究　249
寒冷渦　183
寒気核　183
寒冷前線　72, 179, 187, 192
寒冷低気圧　169, 183
気温の鉛直分布　71
気象業務支援センター　57
気象情報　68
気象じょう乱　71
気象ドップラーレーダー　217
北山時雨　209
軌道衛星画像　60
機動的観測　249
輝度温度　44
輝度温度差　47
きめ　70
逆転安定層　88
客観ドボラック　194
強調赤外画像法　195
強風軸　72
強風軸対応のバウンダリー　116
強風注意報　160
極軌道気象衛星　9
局地的大雨　82
局地的な集中豪雨　189
極低気圧　189
霧域　76, 129, 136
霧の雲海　131
記録的短時間大雨情報　219, 230
近赤外画像　1, 33
くさび状　211
雲域　85
雲渦　72
雲の動きをトレースする　93
雲の崖　32
雲パターン　68, 71, 85
雲バンド　72, 76, 89, 92, 93
雲ライン　93
雲レーダー　60
クラウドクラスター　76, 224
クローズドセル　76, 87, 88, 237
警報　68

警報や注意報の「切り替え」 228
巻雲 170
巻層雲 170
高解像度降水ナウキャスト 2, 152, 217
黄砂 76
洪水警報 219
降水短時間予報 217
降水ナウキャスト 217, 221
高積雲 216
航跡雲 76, 160
300hPa 高層天気図 85
500hPa 高層天気図 85
700hPa 高層天気図 85
850hPa 高層天気図 85
ゴーズ（GOES） 10, 11
GOES 衛星シリーズ 15
氷雲 33
国際学術連合会議（ICSU） 11
黒体温度 70
コニカルスキャン方式 62
コムス（COMS） 10
コンマ形状 190
コンマ状の雲域 189

[さ]

サージ 122
サージバウンダリー 122
最低気圧 188
サウンダ 15, 63, 245
サトエイド（SATAID） 2, 59
里雪型 206, 207
差分画像 43, 47
サングリント 76, 162
$3.9\mu m$ 画像 35
散乱計 63
シアー 203
シアーライン 212
CI 数（Current Intensity Number） 193
Ci ストリーク 76, 105
GMS シリーズ 12

GPM-Core 衛星 245
GPS と数値予報 246
Cb クラスター 187
Cb ライン 95
Cu ライン 95, 234
ジェット気流 39, 75
ジェット気流平行型バウンダリー 109, 119, 173, 179
潮目 76, 163
紫外サウンダ 16
磁気嵐 17
しぐれ 208, 209
しずく 245
システムサイズ 193
地すべり地形 219
地すべり地形分布図 219
地すべり変動 219
次世代型 1
実効雨量 217
湿舌 222
10 分間解析雨量 228
指定河川洪水予報 219
自動ドボラック 194
シビア・ウェザー域 56
シミュレーション画像 247
ジャクサ（JAXA） 57, 58, 245
蒸気霧 130
上層渦 39, 75, 76, 112
上層雲 43, 71
上層トラフ 39, 76, 116
上層リッジ 75, 126
上・中層のトラフ 75
小領域観測機能 56
シーラス 170
森林火災 76, 144
水蒸気画像 39, 75
水蒸気差分画像 40
水蒸気パターン 68, 85
スキャトロメーター 63
筋状雲 76, 87, 88, 235, 239
スパイラルの螺旋 201
西高東低 204

静止衛星搭載雷マッパー 19
静止気象衛星 9
静止軌道 9
世界気象衛星観測網 9
世界気象監視（WWW）計画 9
世界気象機関（WMO） 9, 11
赤外画像 1, 43, 70
赤外差分 2 画像 37
積算雨量 217
積雪 76, 141
積雪域 141
積乱雲 72, 170
切離低気圧 183
全球観測 13
全球測位衛星 245
全球データ処理・予報システム 9
前線上の波動 85
前線性雲バンド 85
前線対応の雲バンド 239
前線に対応した雲域 92
前線波動 170
全般気象情報 232
走査鏡 55
層状雲 70
層状性 70
層積雲 216

[た]

大気追跡風データ 245
大気の窓領域 43
第 3 世代静止気象衛星 14
帯状対流雲 207
台風 169, 187
台風観測 188
台風の強度 188
台風の「つぼ」 249
太陽フレア 17
太陽面爆発 17
第 4 世代の静止気象衛星 16
対流雲 70
対流性 70
対流性の雲 88

タイロスシリーズ　11
竜巻注意情報　152
竜巻ナウキャスト　221
竜巻発生確度ナウキャスト　2
タンクモデル　217, 231
探査計　15, 245
探査系　63
暖湿流　222
DLAS地球環境情報統融合プログラム　58
地球大気観測計画（GARP）　11
地形性Ci　76, 144
地上雷検知システム　19
千葉大学CEReS　58
注意報　68, 152
中層雲　71
沈降（性）逆転層　211, 216
対馬暖流　189
「冷たい」放射　44
梅雨型　210
梅雨型の北東気流　210
T数（Tropical Number）　193
DT数（Data T-Number）　193
低温と日照不足　212
低温に関する気象情報　212
低軌道衛星　60
停滞前線　72
データ同化　245
テーパリングクラウド　76, 155
特別警戒　232
土砂災害警戒情報　217, 219, 230
土砂災害警戒判定メッシュ情報　230, 231
土壌雨量指数　217, 230, 231
V. F. ドボラック　193
ドボラック法　188
ドボラック法のフローチャート　195
ドライサージバウンダリー　122
トラフ　176
トランスバースバンド　234
トランスバースライン　76, 109
トレーサー　75, 118

[な・は]

内陸の霧　129
ナウキャスト　221
長崎豪雨　217
ナライの土手　213
南岸低気圧　172
西谷　222
日食　76, 165
日本海低気圧　172, 179
日本海の霧　139
忍者雲　213, 216
にんじん状の雲　155
ニンバスシリーズ　11
熱帯収束帯　126
熱帯低気圧　187
熱帯低気圧対応の下層雲渦　102
ノア（NOAA）　11, 57, 193
NOAA衛星　245
濃霧注意報　129
梅雨前線による大雨　222
バウンダリー　39, 76, 118, 183
爆弾低気圧　176
波状雲　76, 147
バックビルディング現象　217, 222
春一番　176
バルジ　76, 85
反射率差　47
バンド　203
はん濫警戒情報　219
PT数（Pattern T-Number）　193
PTチャート（図）　193, 204
非静力学局地モデル　217
避難勧告　230
避難準備　227
日々の天気図　173
ひまわり（Himawari）　10
ひまわり1～5号　12
ひまわり8号　1, 11
ひまわり8・9号のデータ配信　57
フェーン現象　176
二つ玉低気圧　172, 179

フック　173
フックパターン　76, 85, 86
冬型時の北東気流　212
冬型の気圧配置　86, 176, 204
冬型の雲　204
ブラックフォグ（黒い霧）　76, 166
プロファイル　71
平成26年8月豪雨　224
閉塞前線　192
閉塞点　95, 173
ベースサージバウンダリー　122, 126
ベール状　70
偏西風　170
偏西風の蛇行　222
防災情報発表に関する運用基準　226
放射計　63
ポーラーロウ　169, 189
北東気流　210
北東気流型の末期　216
北東気流の下層雲　210
ボストーク1号　11
北高型　210
ホットスポット　54

[ま・や・ら]

マイクロ波　60
マイクロ波イメージャ　63
マイクロ波散乱計（スキャトロメーター）　60
マイクロ波散乱計　62
マイクロ波センサー　60
マイクロ波探査計（サウンダ）　60
マイクロ波放射計（イメージャ）　60
マイクロ波放射計センサー　245
マルチ（MP）パラメータレーダー　217
水雲　33
眼　188, 203
明域　76, 183
メイストーム　176
メソαスケール　69, 190
メソβスケール　69, 190

メソβスケールの下層雲渦　102
メソ高気圧　212
メソスケール現象　69
メソ天気系概念モデル　213
メソモデル　217
MET 数（Model Expected T-Number）　193
メテオサット（METEOSAT）　10
Meteosat 衛星シリーズ　15
Metop 衛星　245
猛烈な雨　155
モンスーンジャイア　200
やませ　211, 212
山雪型　205, 206
ユーリイ・ガガーリン　11
雪起こしの雷　192
要援護者避難　227
予想衛星画像　247
予測可能性実験計画　249
予報作業支援システム　228
雷雨注意報　152
ライデン（LIDEN）　19
ラジオゾンデ　15
ラピッド・スキャン　56
ランドマーク　56
離岸距離　233, 237
流氷域　136
レーダー・ナウキャスト　152, 221
ロープクラウド　76, 89, 92, 101, 173, 179, 239

[A・B・C]

Ac　216
Advanced Himawari Imager（AHI）　1
Advanced Microwave Sounding Unit（AMSU）　67
Advanced Microwave Sounding Unit-A（AMSU-A）　67
Advenced Scatterometer　67
Advenced Technology Microwave Sounde（ATMS）　67
AHI（Advanced Himawari Imager）　1
AMSU（Advanced Microwave Sounding Unit）　67
AMSU-A（Advanced Microwave Sounding Unit-A）　67
Application Technology Satellite-3（ATS-3）　11
Aqua　67
ASCAT　62, 67
ATMS（Advanced Technology Microwave Sounde）　67
ATS-3（Application Technology Satellite-3）　11
Band　203
Cb　43, 72
CDO　188
Ci　43
CIRA　58
Cloudsat　60
CO　43
COMS　10
CPR　60
Current Intensity Number　193

[D・E・F]

Data T-Number　193
Defense Meteorological Satellite Program（DMSP）　67
dense Ci　72
DIAS　57
DMSP（Defense Meteorological Satellite Program）　10, 67
DPR　60
Dvorak method　188
EIR（Enhanced IR）　195
Electro-L　10
EMBED　203
Enhanced IR（EIR）　195
Equivalent Black Body Temperature　70
Eye　203

FOG WARNING　133
FY　10
FY-3　10

[G・H・I]

GARP　11
GCOM（Global Change Observation Mission）　67
GCOM-W　10, 67, 245
GDPFS　9
Geostationary Earth Orbit（GFO）　9
Geostationary Meteorological Satellite image（GMS）　11, 59
GFO（Geostationary Earth Orbit）　9
GLM　15, 19
Global Change Observation Mission（GCOM）　67
GMI（GPM Microwave Imager）　67
GMS（Geostationary Meteorological Satellite）　11
GMSLP（Geostationary Meteorological Satellite image）　59
GOES　10, 11
GOES-R　15
GPM Microwave Imager（GMI）　67
GPM-Core　60
GPS　245
GSM　215
Himawari　10
Himawari-8　11
Himawari Cast　,57 59
Hiimawari Cloud　57
HRIT　57
I2　43
I4　35
ICSU　11
Infrared　70
INSAT　10
IR　43, 70

[J・K・L]

JAXA　57, 58, 245

L2　43
LEO（Low Earth Orbit）　10
LFM（Local Forecast Model）　217
LI　19
LIDEN　19
Local Forecast Model（LFM）　217
Long-wave Infrared　43
Low Earth Orbit（LEO）　10

[M・N・O]

Meso Scale Model（MSM）　217
METEOSAT　10
METOP　10
Middle-wave Infrared　43
Model Expected T-Number　193
MSG　15
MSM（Meso Scale Model）　217
MTSAT　11
MTSAT-1R　11
MTSAT-2　11
N1　33
N2　33
N3　33
NESDIS　57
NICT　57, 58
NOAA　11, 57, 193
NOAA・Suomi-NPP　10
O3　43

[P・Q・R・S]

Pattern T-Number　193

polar low　189
PR　60
Quick Scatterometer　67
QuikSCAT　62, 67
RGB　33
S2　37
SATAID（Satellite Animation and Interactive Diagnosis）　2, 59, 94
Satellite Animation and Interactive Diagnosis（SATAID）　59
Sc　216
Sea Winds　67
SEDA　17
SEM　17
Shear　203
SiO_2　43
S-NPP　67
SO_2　43
Special Sensor Microwave Imager Sounder（SSMIS）　67
Special Sensor Microwave/Imager（SSM/I）　67
Spectral Response Function（SRF）　18
SRF（Spectral Response Function）　18
SSM/I（Special Sensor Microwave/Imager）　67
SSMIS（Special Sensor Microwave Imager Sounder）　67
Suomi-NPP（Suomi National Polar-orbiting Partnership）　67

[T・U・V]

texture　70
THORPEX　249
TMI（TRMM Microwave Imager）　67
TRMM　60
TRMM Microwave Imager（TMI）　67
Tropical Number　193
Tropical Storm（TS）　193
TS（Tropical Storm）　193
UCL　112
UVS　16
V1　30
V2　30
Visible　69
VS　30, 69

[W・X・Y・Z]

W2　39
W3　39
WMO　9, 11
World Weather Watch（WWW）　11
WV　39
WWW（World Weather Watch）　11
XRAIN　217
YSS　228

〈著者略歴〉
伊東　譲司（いとう　じょうじ）
1948年福島県会津若松市に生まれる。東京理科大学理学部第二部物理学科卒業。
気象庁予報部通報課、気象衛星センター解析課、気象庁予報課予報官、熊谷地方気象台、舞鶴海洋気象台、天気相談所予報官を経て2008年退官。JICA講師（任期4年2013年退官）。
現在、東京理科大理工学部非常勤講師、気象予報士、一般社団法人日本気象予報士会技能講習会講師。
著書「はい、こちらお天気相談所」（東京堂出版）、「天気予報のつくりかた」「身近な気象の事典」（共著、東京堂出版）、「雲解析事例集」CD-ROM（気象衛星センター）など。

西村　修司（にしむら　しゅうじ）
1960年大阪府大阪市に生まれる。近畿大学理工学部数学物理学科卒業。
洲本測候所・潮岬測候所・大阪管区気象台予報課・高知地方気象台・気象衛星センター解析課・気象庁観測部観測システム整備運用室・気象庁予報部予報課太平洋台風センター・神戸海洋気象台観測予報課長・気象庁予報部予報課アジア太平洋気象防災センターで勤務。

田中　武夫（たなか　たけお）
1952年埼玉県南埼玉郡岩槻町（現、さいたま市岩槻区）に生まれる。東京理科大学理学部第二部物理学科卒業。
東京航空地方気象台予報課、気象庁観測部測候課、気象庁予報部予報課、気象衛星センター解析課長、気象庁予報課予報官、気象庁天気相談所所長を経て2013年退官。現在気象庁天気相談所技官。

岡本　幸三（おかもと　こうぞう）
1968年広島県三原市に生まれる。東北大学理学部卒業。
高松地方気象台に勤務した後、気象庁数値予報課を経て、現在、気象庁気象研究所衛星観測システム研究部主任研究官。この間、アメリカ海洋大気庁環境予測センター、欧州中期予報センターにおいて客員研究員として勤務。気象予報士。理学博士。
共著に「身近な気象の事典」（東京堂出版）、「気象予報士ハンドブック」（オーム社）がある。

株式会社 東京堂出版
ホームページはここから
http://www.tokyodoshuppan.com/
東京堂出版の新刊情報です

ひまわり8号　気象衛星講座

2016年2月20日　初版印刷
2016年2月29日　初版発行

著　者
伊　東　譲　司
西　村　修　司
田　中　武　夫
岡　本　幸　三

発行者　大　橋　信　夫
発行所　株式会社　東京堂出版

〔〒101-0051〕東京都千代田区神田神保町1-17
電話　03-3233-3741　　振替　00130-7-270

印刷所　株式会社　三秀舎
製本所　株式会社　三秀舎

ISBN 978-4-490-20931-0　C3044
Printed in Japan

©Jouji Ito
Syuuji Nishimura
Takeo Tanaka
Kouzo Okamoto　2016

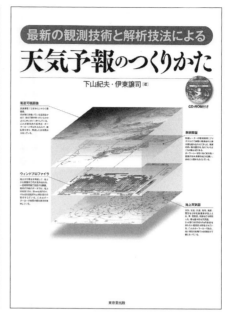

新版 最新 天気予報の技術 気象予報士をめざす人に　天気予報技術研究会編集

2011　気象学の基礎知識から予報の実務・関連法規まで気象予報士として必要な知識を豊富な図版でわかりやすく解説。実技例題4題をあげ詳しく説明。新しい気象情報や法律の改正に対応した新版。　四六倍判変形　504頁　本体3400円

天気予報のつくりかた ―最新の観測技術と解析技法による―　下山紀夫・伊東譲司著

2007　予報作業の基本操作を中心に各段階ごとのポイント・操作テクニックを簡潔に解説。CD-ROMに実際の予報事例を収録し，実務者への生きた知識を紹介。最新の観測システム・防災上の留意点にも触れる。　四六倍判　280頁　本体5200円

気象予報士のための 最新 天気予報用語集　新田尚監修　天気予報技術研究会編

2009　天気予報の解説では専門用語がそのまま使われることが多い。本書は気象予報試験を受けようとする人や気象関係の記事を読む人のために，かゆい所に手が届くようわかりやすく解説。最新版　小B6判　318頁　本体2400円

数値予報と現代気象学　新田　尚・二宮洸三・山岸米二郎著

2009　数値予報の開発業務にかかわりの深かった著者三人が現代気象学の中でも中枢的な役割りを果している数値予報の50年の歴史をたどりさらに将来の数値予報，天気予報の姿を浮き彫りにする。　A5判　244頁　本体2600円

天気予報のための 局地気象のみかた　中田隆一著

2001　集中豪雨，局地的な強風，霧など，日常生活に多大の影響をもたらす局地気象。本書は，現地観測による実例をもとに，現象を考察。数値予報モデルでは難しい局地現象の予測をも可能にした。　菊倍判　120頁　本体3800円

最新 気象の事典　和達清夫監修

1993　アメダス・エルニーニョ・環境アセスメント・酸性雨など気象学の進歩とともに新しい用語が続出した。本書は全面的な改稿を施し最新の情報を網羅し気象関係者や図書館の要望に応える第3版。　菊判　650頁　本体9800円

（定価は本体＋税となります）

改訂新版 気象予報のための天気図のみかた 下山紀夫著

2013

好評書『天気図のみかた』の内容を刷新した待望の改訂版。全ての天気図を最新のものにし、進展著しい最新の天気予報に対応し、地上天気図から、航空・船舶用の専門天気図まで読める。　菊倍判　208頁　本体4200円

身近な気象の事典 新田尚監修・日本気象予報士協会編

2011

気象予報士及び一般の人を対象に，日常生活の中で知っておきたい事項など1600項目を収録し，図，写真，表などを豊富に掲載して最新の情報を盛り込みながら平易に解説した事典。　菊判　294頁　本体3500円

気象予報による意思決定 立平良三著

1999

時々の「外れ」はさけられない気象予報。本書は，気象予報を利用しどのようなルールで意志決定すればベストな結果が得られるかを解説。各種イベントの雨対策，地域の防災活動などに必須。　A5判　150頁　本体2600円

ビジネスと気象情報 ―最前線レポート― 編集委員会編

2004

情報サービスとしてのビジネス，企業活動に利用する気象情報，天候そのものを商品とする天候デリバティブ。高まる気象情報の品質や予報の精度向上は産業や社会に飛躍的な利用価値を見出す。　A5判　272頁　本体3500円

豪雨と降水システム 二宮洸三著

2001

小地域に短時間に集中し，大災害をひき起こす豪雨。本書は大気－海洋における水蒸気の相互循環など，地球規模で降水システムをとらえ，日本・世界の豪雨の特性や特徴を考察。　A5判　250頁　本体3500円

気象レーダーのみかた ―インターネット天気情報の利用― 立平良三著

2006

レーダー画像を利用するうえで必要な気象学の知識を概観し，注意点・着目点を解説。雷雨・台風等の天気現象を例にとりレーダー画像からどのようにして利用価値のある情報をひき出すかを説明した。B5判　160頁　本体3200円

(定価は本体＋税しなります)